U0342396

硫化矿加压浸出机理
研究进展

谢 锋　蒋开喜　王海北　徐志峰　著

北　京

冶金工业出版社

2023

内 容 提 要

本书详细介绍了典型硫化矿酸性氧压浸出过程机理的研究进展。通过建立和完善硫化矿高温高压浸出电化学测试系统，分析和研究了黄铜矿、砷黄铁矿和铁闪锌矿等在酸性体系中氧化浸出热力学和动力学，针对硫化矿浸出过程中主要的多相传质规律、钝化膜的形成机理及不同添加剂对氧化浸出过程的作用和影响等进行了深入讨论。

本书可供有色金属冶金行业的科研、技术人员阅读，也可作为高等院校相关专业的教学参考用书。

图书在版编目（CIP）数据

硫化矿加压浸出机理研究进展／谢锋等著．—北京：冶金工业出版社，2023.1

ISBN 978-7-5024-9365-3

Ⅰ．①硫…　Ⅱ．①谢…　Ⅲ．①硫化矿物—加压—湿法冶金—研究　Ⅳ．①TF111.3

中国国家版本馆 CIP 数据核字（2023）第 015541 号

硫化矿加压浸出机理研究进展

出版发行	冶金工业出版社	电　话	（010）64027926
地　址	北京市东城区嵩祝院北巷 39 号	邮　编	100009
网　址	www.mip1953.com	电子信箱	service@ mip1953.com

责任编辑　张熙莹　王悦青　美术编辑　彭子赫　版式设计　郑小利
责任校对　王永欣　责任印制　窦　唯
北京捷迅佳彩印刷有限公司印刷
2023 年 1 月第 1 版，2023 年 1 月第 1 次印刷
710mm×1000mm　1/16；13.5 印张；260 千字；203 页
定价 89.00 元

投稿电话　（010）64027932　投稿信箱　tougao@cnmip.com.cn
营销中心电话　（010）64044283
冶金工业出版社天猫旗舰店　yjgycbs.tmall.com
（本书如有印装质量问题，本社营销中心负责退换）

谢锋 东北大学冶金学院教授，博士生导师，冶金学科学术带头人和"兴辽英才计划"重金属固废资源化创新团队负责人，加拿大 University of British Columbia 客座教授，国家"十三五"重点研发项目首席科学家。长期从事绿色提取冶金、资源清洁高效利用和矿冶环境保护领域的教学和科研工作，取得了较突出的学术成就，具有较高的国际学术声望。主持和承担包括国家重点研发计划等国家级、省部级和企业项目 50 余项，研究成果申请和获授权专利 30 余项，发表高水平论文 80 余篇，获国家级和省部级科技奖励 5 项。主编出版包括东北大学百种优质教材之《重金属冶金学》和《现代冶金工艺学——有色金属冶金卷》等著作 5 部。

蒋开喜 福州大学紫金矿业学院教授，博士生导师，东北大学和北京科技大学兼职博士生导师，矿冶科技集团有限公司和紫金矿业集团有限公司首席科学家，国家级创新团队"有色金属清洁高效提取与综合利用科技创新团队"负责人，国家"万人计划"科技创新领军人才，无污染有色金属提取及节能技术国家工程研究中心主任，低品位难处理黄金资源综合利用国家重点实验室常务副主任。曾任国家"863 计划"委员会咨询委员、资源环境专家组副组长，国家自然科学基金委工程与材料学部咨询委员，中国大洋协会资源加工利用首席科学家。主持承担多项国家级重大重点项目，发表学术论文 100 余篇，出版了《加压湿法冶金》等 4 部学术专著，研究成果获得国家发明专利授权 29 件，获得国家技术发明奖和国家科技进步奖 4 项、省部级科技成果奖 16 项，在国内外提取冶金领域具有较高的学术影响力。

王海北 矿冶科技集团有限公司首席专家、冶金研究设计所所长，正高级工程师、博士生导师，拥有国家"万人计划"科技创新领军人才、国家百千万人才、国家突出贡献中青年专家等称号，享受国务院政府特殊津贴。主要研究方向包括：复杂矿产资源清洁低碳冶金、共伴生资源高效综合利用、冶金固废资源化与无害化处置、二次资源循环利用、金属高纯化与近材料化等。共主持完成各类项目100余项，其中国家级项目20项。获国家技术发明奖二等奖1项、省部级一等奖5项、其他奖励10项，发明专利43项，发表科技论文100余篇。提出"原生矿产与再生资源协同冶炼"技术方向，并完成了大量实验研究，开发了以铜、铅、镍、铁为基本特征的协同冶炼技术。近年来，围绕废锂离子动力电池再生利用开展了大量研究工作，开发了优先提锂、非萃取工艺直接短流程沉淀前驱体等清洁低碳循环利用技术。

徐志峰 江西应用技术职业学院党委副书记、院长，二级教授，博士生导师，加拿大 University of British Columbia 访问教授，享受国务院政府特殊津贴，先后入选江西省新世纪百千万人才工程人选、江西省第四批青年科学家培养对象、江西省高等学校中青年学科带头人、江西省远航工程资助对象、"赣鄱英才 555 工程"青年拔尖计划人选、江西省主要学科学术与技术带头人、教育部首批全国高校黄大年式教师团队负责人、江西省"双千计划"创新领军人才。长期从事复杂资源短流程冶金及过程有毒元素控制与无害化、复杂多金属固废资源循环利用研究，获国家科技进步奖二等奖1项、江西省科技进步奖一等奖1项。

前　言

自 20 世纪中期以来，加压湿法冶金在矿产资源开发领域的应用越来越广泛。其在铜、锌、镍等重金属方面的应用始于 20 世纪 40 年代，随后在镍、钴、锌、铜等金属湿法提取工业应用中取得较快进展。21 世纪以来，加压湿法冶金技术在我国也得到快速发展，在复杂铜锌混合矿、锌精矿、镍精矿、钼精矿和难处理金矿等加压浸出方面提出和应用了多项加压湿法冶金新工艺、新技术，并获得了较好的经济效益和环境效益，对我国加压湿法冶金发展起到了重要的支撑和促进作用。

加压湿法冶金作为硫化矿处理的重要手段，在国内外重金属硫化矿开发过程中得到了广泛关注，国内外学者和相关研究人员在硫化矿加压浸出过程的机理研究领域也开展了大量工作。硫化矿加压浸出反应过程绝大多数是多相反应，典型硫化矿如黄铜矿、闪锌矿、黄铁矿、镍黄铁矿等矿物在加压浸出过程中受加压反应体系、温度、添加剂等多种因素交互影响，反应产物也差别较大。长期以来，关于硫化矿加压浸出过程机理的研究文献较多，但是许多研究由于缺乏系统全面的研究方法，导致不同学者得出不同的结论，甚至差别很大。

近年来，作者及其研究团队针对典型硫化矿加压浸出过程特点，通过热力学分析和动力学条件试验，结合先进的高温电化学测试分析技术，开展了典型硫化矿浸出机理研究，取得了部分研究成果。书中详细总结了作者团队在建立和完善硫化矿高温高压浸出电化学测试系统及在研究和分析黄铜矿、砷黄铁矿和铁闪锌矿等在酸性体系中氧化浸出热力学和动力学等领域取得的最新研究进展。部分研究成果进一步丰富了硫化矿加压浸出基础理论。作者及其研究团队也希望这些研究成果能为研究开发低品位硫化矿湿法处理的新工艺、新技术及实现资源高效开发提供理论和技术支持。

本书的研究内容得到了国家自然科学基金重点项目（"硫化矿加压湿法冶金的机理研究"，项目号：51434001）和面上项目（"黄铜矿氧化浸出机理电化学基础研究"，项目号：51574072）的资助。参与上述相关项目研究及本书撰写工作的还包括王伟、王玉芳、张邦胜、路殿坤、畅永锋、秦树辰、白云龙等，在此致以衷心的感谢。

由于作者水平有限，书中难免存在不足之处，敬请各位专家学者批评指正。

作　者

2022 年 3 月

目　　录

1　绪　　论

1.1　加压湿法冶金发展历程

加压湿法冶金因具有可处理复杂原料、环境友好、回收率高等优点，自20世纪中期以来在矿产资源开发领域的应用越来越广泛。近年来，加压湿法冶金技术处理硫化矿资源已成为国内外研究的热点，也是欧美等发达国家工艺研发优先考虑的选项之一。

加压湿法冶金的研究始于1887年，化学家拜耳（Karl Josef Bayer）提出用氢氧化钠溶液浸出铝土矿，反应温度413～453K，获得铝酸钠溶液，经分离得到氧化铝，该法称为拜耳法。拜耳法的出现使氧化铝的生产得到了迅速发展。20世纪50年代，加拿大、南非及美国采用碱法加压浸出铀矿实现了工业化。此外，加压浸出也用于钨、钼及其他有色金属的提取。加压湿法冶金在铜、锌、镍等重金属方面的应用研究于20世纪40年代取得了突破性进展，随后在镍、钴、锌、铜等金属湿法提取工业应用中取得较快进展。1947年为了寻找新工艺来代替硫化镍精矿熔炼，加拿大大不列颠哥伦比亚大学Forward教授研究发现，含镍和铜的矿石都可以在氧化气氛下直接浸出而不必经过预先焙烧。1948～1954年，加拿大舍利特·高尔登矿业公司发明了氨浸法，并在萨斯喀切温建立了第一个处理硫化镍精矿的工厂；1962年在萨斯喀切温又建立了处理镍钴硫化物的加压酸浸系统；1969年第一个处理含铜镍锍的加压浸出工厂在南非的英帕拉铂公司建成，之后其他铂族金属生产厂也相继建立；苏联诺里尔斯克镍联合企业采用加压酸浸从磁黄铁矿精矿中回收镍、钴和铜[1]。

20世纪70年代，加压酸浸在锌精矿处理方面取得显著进展。舍利特·高尔登矿业公司的研究表明，采用加压酸浸—电解沉积工艺比传统的焙烧—浸出—电解沉积流程更经济。1977年，舍利特·高尔登矿业公司与科明科公司联合进行了加压浸出和回收元素硫的半工业试验，并在特雷尔建立了第一个锌精矿加压酸浸厂，设计的精矿处理能力为190t/d，1981年投产。目前世界上已有10余个锌冶炼厂采用过加压浸出技术处理硫化锌精矿。在20世纪80年代，加压预氧化难处理金矿以代替焙烧工艺取得巨大进展。位于美国加利福尼亚州的麦克劳林金矿是世界上第一个应用加压氧化处理金矿的工业生产厂。该厂是在酸性介质中加压氧化，日处理硫化矿 2700t，之后，巴西的桑本托厂、美国内华达州的巴瑞克梅库金矿和格切尔金矿相继投产。20 世纪 90 年代，加压浸出工艺得到了进一步发展。一批处理含铜镍硫、锌精矿的加压湿法冶金工厂相继投产，如德国鲁尔锌厂于 1991 年建成了加压湿法炼锌厂，加拿大哈德逊湾矿冶公司 1993 年建成了第四座镍加压浸出工厂。据不完全统计，至 90 年代已投产的镍加压浸出厂家已超过 10 个；在澳大利亚相继有 3 个镍加压酸浸工艺投产，主要用于处理红土镍矿。1998 年澳大利亚西部金属公司所属的 Mt Gordon 建成投产第一座铜矿加压浸出工厂，生产规模为年产 50000t 阴极铜。

21 世纪以来，加压湿法冶金技术在我国也得到快速发展，特别是在锌冶炼和镍冶炼领域。20 世纪 80 年代，北京矿冶研究总院等单位开始研究加压浸出技术，前期主要研究锌精矿加压技术，后来开始研究镍精矿加压技术。1993 年，北京矿冶研究总院联合新疆有色金属公司在新疆阜康冶炼厂建成投产了我国第一个硫化矿加压浸出工厂，采用镍精矿—加压浸出—净化—电积工艺生产电镍。随后加压浸出技术相继在吉恩镍业、金川有色金属（集团）股份有限公司获得工业应用。2008 年，中金岭南丹霞冶炼厂引进加拿大 Dynatec 公司的技术，建成我国第一座加压浸出锌精矿冶炼工厂。与此同时，北京矿冶研究总院、中科院过程工程研究所、云冶集团等研究机构，对复杂铜锌混合矿、锌精矿（或铁闪锌矿）、镍精矿、钼精矿、难处理金矿和镍钼矿等加压浸出开展了大量研究工作，提出了多项加压湿法冶金新工艺和新技术，初步掌握了复杂硫化矿资源高效提取的工艺过程，相关应用获得了较好的经济效益和环境效益，对我国加压湿法冶金发展起到了重要的支撑和促进作用。

1.2　硫化矿加压浸出理论基础

1.2.1　硫化矿酸性浸出物理化学

典型硫化矿如黄铜矿、闪锌矿、黄铁矿、镍黄铁矿等矿物在加压浸出过程中受加压反应体系、温度、添加剂等因素影响，反应产物有所不同。根据文献报道，硫化矿加压浸出过程中可能发生的主要化学反应和得到的产物总结如下：

（1）黄铜矿：

$$CuFeS_2 + 5/4O_2 + 5/2H_2SO_4 = CuSO_4 + 1/2Fe_2(SO_4)_3 + 2S^0 + 5/2H_2O \tag{1-1}$$

$$CuFeS_2 + O_2 + 2H_2SO_4 = CuSO_4 + FeSO_4 + 2S^0 + 2H_2O \tag{1-2}$$

$$CuFeS_2 + 5/4O_2 + H_2SO_4 = CuSO_4 + 1/2Fe_2O_3 + 2S^0 + H_2O \tag{1-3}$$

$$CuFeS_2 + 17/4O_2 + 1/2H_2SO_4 = CuSO_4 + 1/2Fe_2(SO_4)_3 + 1/2H_2O \tag{1-4}$$

$$CuFeS_2 + 17/4O_2 + H_2O \rightleftharpoons CuSO_4 + 1/2Fe_2O_3 + H_2SO_4 \qquad (1-5)$$

$$FeSO_4 + 1/2H_2SO_4 + 1/4O_2 \rightleftharpoons 1/2Fe_2(SO_4)_3 + 1/2H_2O \qquad (1-6)$$

（2）闪锌矿：

$$ZnS + H_2SO_4 + 1/2O_2 \rightleftharpoons ZnSO_4 + S^0 + H_2O \qquad (1-7)$$

$$S^0 + 3/2O_2 + H_2O \rightleftharpoons H_2SO_4 \qquad (1-8)$$

$$ZnS + 2O_2 \rightleftharpoons ZnSO_4 \qquad (1-9)$$

$$FeSO_4 + 1/2H_2SO_4 + 1/4O_2 \rightleftharpoons 1/2Fe_2(SO_4)_3 + 1/2H_2O \qquad (1-10)$$

（3）镍黄铁矿：

$$(FeNi)_{4.5}S_8 + 9H_2SO_4 + 9/2O_2 \rightleftharpoons 9/2NiSO_4 + 9/2FeSO_4 + 8S^0 + 9H_2O$$

$$(1-11)$$

$$FeSO_4 + 1/2H_2SO_4 + 1/4O_2 \rightleftharpoons 1/2Fe_2(SO_4)_3 + 1/2H_2O \qquad (1-12)$$

（4）镍锍：

$$2Ni_3S_2 + 2H_2SO_4 + O_2 \rightleftharpoons 4NiS + 2NiSO_4 + 2H_2O \qquad (1-13)$$

$$NiS + CuSO_4 \rightleftharpoons NiSO_4 + CuS \qquad (1-14)$$

（5）黄铁矿：

$$FeS + H_2SO_4 + 1/2O_2 \rightleftharpoons FeSO_4 + S^0 + H_2O \qquad (1-15)$$

$$FeS_2 + H_2SO_4 + 1/2O_2 \rightleftharpoons FeSO_4 + 2S^0 + H_2O \qquad (1-16)$$

$$FeSO_4 + 1/2H_2SO_4 + 1/4O_2 \rightleftharpoons 1/2Fe_2(SO_4)_3 + 1/2H_2O \qquad (1-17)$$

（6）伴生矿物：

$$FeS + 3/2H_2SO_4 + 3/4O_2 \rightleftharpoons 1/2Fe_2(SO_4)_3 + S^0 + 3/2H_2O \qquad (1-18)$$

$$Cu_2S + 2H_2SO_4 + O_2 \rightleftharpoons 2CuSO_4 + S^0 + 2H_2O \qquad (1-19)$$

$$Cu_3AsS_4 + 11/4O_2 + 3H_2SO_4 \rightleftharpoons 3CuSO_4 + H_3AsO_4 + 4S^0 + 3/2H_2O$$

$$(1-20)$$

从上述反应方程式可以看出，在加压氧化浸出过程中，矿物中 Zn、Cu、Ni、Fe、S 等元素的反应产物不尽相同。元素 Zn、Cu、Ni 的反应产物都是形成金属离子，元素 Fe 的反应产物根据氧化程度可能是 Fe^{3+}、Fe^{2+} 和 Fe_2O_3 沉淀。元素硫的反应产物根据反应条件和氧化程度可能是 S^0 和 SO_4^{2-}。

1.2.2 硫化矿加压浸出动力学

加压湿法冶金反应过程绝大多数是多相反应，其特点是反应发生在两相或三相界面上，反应速率常与反应物和反应产物在界面处的浓度有关。硫化矿加压氧化过程实际上是气-液-固参与的多相反应，在矿物和生成产物之间有内扩散、外扩散和化学反应控制等控制步骤。通过研究硫化矿加压浸出动力学和建立模型，可以找出浸出反应的控制步骤，摸清加压浸出过程的反应历程。硫化矿加压浸出动力学研究，主要是运用不同控制步骤的收缩核模型，进行试验研究数据分析，根据模型分析结果推导出反应的控制步骤和表观活化能，得出反应的控制步骤。

Jean 等人进行了人工合成硫化锌在硫酸水溶液中加压浸出的动力学研究，认为浸出过程受硫化氢氧化反应控制，硫化氢会阻滞闪锌矿的浸出[2]。Harvey 等人[3]开展了 403~483K、不同 O_2 浓度条件下高温高压充氧浸出动力学研究，结果证明浸出过程遵循表面反应控制的收缩核模型，模型揭示了锌浸出率与 O_2 浓度、浸出温度、浸出时间及初始锌浓度之间的关系。对于闪锌矿在浸出过程中随时间延长而动力学放缓的现象，Lochmann 等人[4]指出原因并非是形成了铁矾、铅铁矾，而是单质硫对闪锌矿的包裹。但 Weisener 等人[5]在研究低铁闪锌矿氧化浸出动力学时发现，锌浸出速率的降低是由于矿物表面生成了一种聚硫化物，而且随着聚硫化物层的不断增厚，浸出动力学放缓。当聚硫化物最终氧化成单质硫后，浸出速率不再显著降低，从而提出假设：浸出过程的限制性环节为 Zn^{2+} 由聚硫化物层扩散出去或是 H_3O^+ 由溶液经聚硫化物层向未反应 ZnS 颗粒的扩散。

徐志峰等人[6]以合成的高纯度铁闪锌矿为原料，在排除其他硫化矿物干扰的条件下研究了浸出过程的动力学，结果显示锌浸出过程遵循界面化学反应控制的收缩核模型。谢克强等人[7]针对高铁闪锌矿进行了加压酸浸研究，结果显示浸出初期铁的浸出速率受化学反应控制，遵循"未反应核减缩模型"表面化学反应控制动力学规律；浸出后期，浸出速率受固膜扩散（内扩散）控制；而浸出中期处于过渡阶段，由二者共同控制。谭凯旋等人[8]以天然黄铜矿为研究对象，进行了矿物在 NaCl 体系下的溶解动力学研究，研究表明铜矿物受表面化学动力学机理的控制，不同 pH 值区间受不同的步骤控制，得出浸出黄铜矿的表观活化能为 44.05kJ/mol。

通过对硫化矿加压浸出过程动力学研究总结发现，在不同的试验条件、不同体系或不同矿物合成条件下得出的结论都不尽相同，说明同一矿物不同来源的试样中的杂质和缺陷状态对结果有重要影响。相关硫化锌矿物、硫化铜矿物和硫化铁矿物加压浸出动力学研究结果见表 1-1[2,3,6,9~11]、表 1-2[12~21] 和表 1-3。

表 1-1 硫化锌矿物浸出动力学研究结果

矿物名称	液固比 /(mL/g)	H_2SO_4 浓度 /g·L⁻¹	氧压 /MPa	温度 /K	表观活化能 /kJ·mol⁻¹
闪锌矿	(31.7~5)/1	63~396	0.14~1.03	363~393	25.67
合成硫化锌	200/1	12.3~98	0.1~3.7	403~473	93.2
闪锌矿/含黄铜矿/黄铁矿	4/1	不加酸	0.15/0.35/0.69	403~483	40.0/21.5/16.4

续表 1-1

矿物名称	液固比 (mL/g)	H_2SO_4 浓度 /g·L^{-1}	氧压 /MPa	温度 /K	表观活化能 /kJ·mol^{-1}
合成铁闪锌矿	10/1	75.46	0.1~0.5	388~418	44.0
高铁闪锌矿	(5~5.5)/1	82~172	0.3~1.1	370~438	82.56
高铁闪锌矿	200/1	20~100	0.8~1.4	393~423	55.04

表 1-2 硫化铜矿物浸出动力学研究结果

矿物名称	液固比 (mL/g)	H_2SO_4 浓度 /g·L^{-1}	氧压 /MPa	温度 /K	表观活化能 /kJ·mol^{-1}
黄铜矿（$CuFeS_2$）	32/1	3~20	0.15~1.34	413~453	96.6
黄铜矿（$CuFeS_2$）	10/1	49	0.9	473	46.2
黄铜矿（合成）	8/1	49	0.5~1.5	323~367	71.4
黄铜矿（$CuFeS_2$）	6/1	25	0.3~1.0	298~343	44.05
$CuFeS_2$（熔铸的）	40/1	0~30	0~2	393~453	30.1
辉铜矿（Cu_2S）	64/1	<30	0.08~0.54	373~473	27.7
Cu_2S（熔铸的）	72/1	9~36	0~2	368~433	42~84
Cu_2S（熔铸的）	—	0.5~1.5	0.5~2	373~448	394.8
Cu_2S（熔铸的）	—	—	0~2	353~393	23.9
Cu_2S（沉淀的）	(10~25)/1	20~80	0.1~2	313~413	79.8
Cu_2S	6/1	25	0.3~1.0	298~343	36.46
铜蓝（CuS）	64/1	pH<7	0.34~1.7	393~453	49
铜蓝（CuS）	8/1	49	1.0	363	77.0

表 1-3 硫化铁矿物浸出动力学研究结果

矿物名称	液固比 (mL/g)	H_2SO_4 浓度 /g·L^{-1}	氧压 /MPa	温度 /K	表观活化能 /kJ·mol^{-1}
黄铁矿	32/1	pH=0.5~6.5	0.13~1	403~463	84
黄铁矿	(12~50)/1	14.7	0~0.4	373~403	55.9
黄铁矿	(4~22)/1	20~135	0.1~5	303~353	71.8
黄铁矿	37.5/1	NaOH 60	0.1~1	353~413	16.8
FeS	(40~3)/1	11	0.5~2	373~448	4.7

1.2.3 硫化矿加压浸出过程机理

加压浸出反应过程机理十分复杂，其研究内容涉及硫化矿加压浸出的化学反应过程、硫和铁等主要元素的加压浸出行为及反应体系介质的影响等方面。

1.2.3.1 化学反应过程

硫化矿加压湿法冶金中矿物的氧化溶解过程可以被看作是原电池过程或电化学腐蚀过程，它由阴极的还原反应和阳极的氧化反应组成，因此可以用电化学技术研究硫化矿在酸性环境条件下的溶解机制。近年来研究者采用电化学方法研究了硫化矿溶解过程中发生的氧化和还原反应及中间反应产物的鉴定和反应动力学，但是研究者对于氧化反应过程机理和生成的产物仍存在争议。由于黄铜矿在氧化浸出过程不易浸出，目前矿物电化学的研究对象主要为黄铜矿。Biegler 等人[22]在研究酸性介质中的黄铜矿表面氧化电化学行为时发现，黄铜矿阳极氧化时形成一个前导峰，它的形成导致了黄铜矿氧化的钝化，这个峰对应黄铜矿按照式（1-21）氧化生成铜蓝和单质硫的反应。

$$CuFeS_2 \longrightarrow 3/4CuS + 1/4Cu^{2+} + Fe^{2+} + 5/4S^0 + 5/2e \tag{1-21}$$

Parker 等人[23]在研究黄铜矿在酸性溶液中的电化学行为时，观察到当黄铜矿电极在电势（vs. SCE）0.4V 下氧化时，电极表面形成了蓝色的铜蓝和单质硫，但是他们认为导致黄铜矿钝化的是溶解过程中生成的缺失金属的多聚硫化物而不是单质硫。Arce 等人[24]通过比较黄铜矿、辉铜矿和斑铜矿在酸性介质中的电化学行为，认为黄铜矿氧化过程中形成的是非化学计量比的 $Cu_{1-x}Fe_{1-y}S_{2-z}$ 而不是铜蓝。Elsherief[25]在研究黄铜矿电极的阴极过程时发现，Fe^{2+} 和 Cu^{2+} 对黄铜矿在酸性介质中的电化学行为的影响时认为黄铜矿还原过程中生成的中间产物有：硫化铜铁（$Cu_9Fe_8S_{16}$）、斑铜矿（Cu_5FeS_4）、辉铜矿和金属铜。

Gómez 等人[26]在研究黄铜矿电极在 25℃ 和 68℃ 的电化学行为时发现，电极表面都生成了阻碍黄铜矿溶解的钝化膜，但是高温的氧化还原电流明显高于低温试验。而且在 25℃ 时 pH 值对黄铜矿的电化学行为影响很小，但是在 68℃，pH 值对黄铜矿的电化学行为影响很大。Lu 等人[27]在研究氯离子对黄铜矿电化学行为的影响时发现，氯离子可以有效地促进黄铜矿的氧化还原反应，同时认为是矿物表面形成的金属缺失的硫化物造成了黄铜矿的钝化。Dutrizac[28]在研究黄铜矿在盐酸和硫酸介质中的溶解时发现，黄铜矿在盐酸中的活化能远低于在硫酸中的活化能，这也可能是氯离子促进黄铜矿溶解的一个原因。一些研究者结合采用循环伏安法和一些表面成分分析方法来鉴定电极表面形成的产物，如 X 射线衍射光谱（XRD）、X 射线光电子能谱（XPS）、扫描电镜等。Nava 等人[29]综合采用 XPS 和循环伏安法分析黄铜矿溶解过程的产物，发现黄铜矿溶解过程中生成了斑铜矿和辉铜矿。

1.2.3.2 硫的氧化机理

在加压氧化浸出过程中，硫的氧化行为较为复杂，既与所用硫化矿本身性质有关，又与浸出体系构成和反应温度等密切相关。对不同硫化矿氧化反应产物的简单分析表明，硫的氧化产物既有单质硫（S^0），也有硫酸盐（SO_4^{2-}）形式，这与加压氧化条件，如温度、压力、反应时间、酸度等都紧密相关。有学者认为，硫化矿加压氧化过程有中间产物 H_2S 产生，H_2S 进一步氧化成单质硫和硫酸根。Jan 等人[9]通过锌精矿加压浸出动力学研究，指出闪锌矿的浸出是一个非均匀的表面反应，闪锌矿先分解出 H_2S，然后三价铁氧化 H_2S 得到单质硫，浸出过程的限制性环节为中间产物 H_2S 在闪锌矿表面的氧化。加压过程硫的状态变化与温度关系紧密：当温度低于 105℃ 时，硫化物中硫（S^{2-}）的氧化产物主要为 S^0；当温度在 175℃ 以上时，S^0 将进一步氧化成 SO_4^{2-}。比较普遍的观点认为生成的 S^0 有可能包裹未反应硫化矿，而且 S^0 易团聚，从而在反应物表面形成钝化膜，阻碍反应的进一步发生而降低反应速率。

J. P. Lotens 和 E. Wesker[30]认为硫化物中硫在氧化浸出中经历下列反应：

$$M^{2+}/S^{2-} \longrightarrow M^{2+}/S^- \longrightarrow M^{2+}/S^0 \longrightarrow M^{2+}/S^+ \longrightarrow M^{2+}/S^{2+} \tag{1-22}$$

S^+/S^{2+} 会发生水解反应：

$$2S^+ + 2H_2O \longrightarrow H_2S_2O_2 + 2H^+ \tag{1-23}$$

$$S^{2+} + 2H_2O \longrightarrow H_2SO_2 + 2H^+ \tag{1-24}$$

生成的中间产物 $H_2S_2O_2$ 和 H_2SO_2 分解成元素硫和亚硫酸：

$$2H_2S_2O_2 \longrightarrow 3S + H_2SO_3 + H_2O \tag{1-25}$$

$$2H_2SO_2 \longrightarrow S + H_2SO_3 + H_2O \tag{1-26}$$

生成的亚硫酸继续被氧化成硫酸或与硫化物离解出来的 H_2S 反应生成元素硫：

$$2H_2SO_3 + O_2 \longrightarrow 2H_2SO_4 \tag{1-27}$$

$$2H_2S + H_2SO_3 \longrightarrow 3S + 3H_2O \tag{1-28}$$

以上中间产物很不稳定，最终的产物只有单质硫和硫酸。

Habashi[31]提到在黄铁矿的氧化过程中，单质硫的生成主要与 pH 值有关。当 pH>2 时，黄铁矿中的硫最终被氧化成了硫酸根，而 pH<2 时，氧化成单质硫的比例越来越大，这对硫化矿氧压酸浸有重要意义，通过控制过程及终点酸度减少黄铁矿和单质硫的继续氧化，可大大降低氧气消耗。S. Cander 等人[32]认为在氧化过程中低 pH 值、高温和低电位有利于生成单质硫。

1.2.3.3 铁的浸出行为机理

研究认为 Fe^{2+} 在黄铜矿的溶解过程中起重要作用，认为黄铜矿的溶解分为两个步骤，首先黄铜矿被 Fe^{2+} 还原成 Cu_2S，然后 Cu_2S 再被氧化成 Cu^{2+} 和 S^0[33]。反应如下：

$$CuFeS_2 + 3Cu^{2+} + 3Fe^{2+} === 2Cu_2S + 4Fe^{3+} \tag{1-29}$$

$$Cu_2S + 4H^+ + O_2 === 2Cu^{2+} + S^0 + 2H_2O \tag{1-30}$$

以上过程只有在溶液体系的氧化电位低于 Fe^{2+} 和 Cu^+ 的氧化电位时才可能发生。当 Cu^{2+} 浓度高时，溶液氧化电位高于 Fe^{2+} 的氧化电位，部分 Fe^{2+} 被氧化为 Fe^{3+}，Fe^{3+} 可增加黄铜矿的氧化，铜浸出率主要受 Fe^{2+}/Fe^{3+} 的比例控制：

$$CuFeS_2 + 4H^+ + O_2 === Cu^{2+} + Fe^{2+} + 2S + 2H_2O \tag{1-31}$$

$$CuFeS_2 + 4Fe^{3+} === Cu^{2+} + 5Fe^{2+} + 2S \tag{1-32}$$

$$4Fe^{2+} + 4H^+ + O_2 === 4Fe^{3+} + 2H_2O \tag{1-33}$$

当 Cu^{2+} 浓度低时溶液氧化电位低于 Fe^{2+} 的氧化电位，Fe^{2+} 抑制黄铜矿的氧化：

$$CuFeS_2 + 3Cu^{2+} + 3Fe^{2+} === 2Cu_2S + 4Fe^{3+} \tag{1-34}$$

$$2Cu_2S + 8Fe^{3+} === 4Cu^{2+} + 2S + 8Fe^{2+} \tag{1-35}$$

以上现象表明铁离子的影响主要取决于溶液的氧化电位，氧化电位高时铁主要以 Fe^{3+} 存在，可促进黄铜矿的氧化；氧化电位低时，铁主要以 Fe^{2+} 存在，此时主要起还原剂作用。添加 Fe^{3+} 试验表明，黄铜矿的溶解速度略有增加，但并不与添加量成正比[34]。这可能是由于黄铜矿本身释放的铁已经基本满足浸出的需要。另外，溶液中可能会形成硫酸高铁络合物，因而限制了游离 Fe^{3+} 的浓度。

1.2.3.4 氯离子的作用机理

氯离子等阴离子反应体系对硫化矿加压浸出过程有重要影响。Lu 等人[27, 35]研究了氯离子对黄铜矿溶解的影响，发现氯离子的存在使元素硫呈多孔状，避免硫膜包裹未反应的硫化矿而使反应速度降低。Fe^{3+} 在浸出过程中起着很重要的作用，但并不需要另外加入铁离子，黄铜矿自身释放的铁已经足够。L. E. Schultze 等人[36]研究了各种添加剂对黄铜矿浸出的影响，在所有添加剂中，氯离子是影响最显著的一种。在对 NaCl 浓度的试验结果中发现，溶解速率的对数与 NaCl 的离子强度的平方根成正比[37]。W. W. Fisher 等人[38]对辉铜矿在 SO_4^{2-} 介质和 Cl^- 介质中的氧化反应进行了比较：在 303K 有氧存在的条件下，硫酸介质中只能看到第一步反应：

$$Cu_2S + 1/2O_2 + 2H^+ === CuS + Cu^{2+} + H_2O \tag{1-36}$$

反应表观活化能为 31.5kJ/mol。

在 303K 有氧存在条件下，盐酸介质中可观察到辉铜矿反应分为两个步骤：

$$2Cu_2S + 1/2O_2 + 2H^+ + 6Cl^- === 2CuS + 2CuCl_3^{2-} + H_2O \tag{1-37}$$

$$2CuS+7/2O_2+H_2O+6Cl^- \rightleftharpoons 2CuCl_3^{2-}+2SO_4^{2-}+2H^+ \qquad (1-38)$$

反应表观活化能分别为 22.6kJ/mol 和 38.3kJ/mol。这表明氯离子在反应过程中起着重要作用。另据 Corridou 和 Kikindai 报道[39]，在200℃提高氯化钠浓度可以降低浸出过程元素硫的氧化速率。Nicol 和 Liu[40] 的类似研究显示，对于一个黄铁矿型的精矿，在220℃、总压 2000kPa 和 30%矿浆浓度下，当氯化钠浓度为 2mol/L 时，经过 6h 的浸出，元素硫的生成率仍有 4%。氯化物对元素硫产率的影响很难解释，可能是氯离子存在时倾向于将元素硫的形成作为一个中间步骤。另有研究在低温（108℃）加压浸出时采用超细磨和添加氯化钠的方式进行黄铜矿的浸出，其浸出反应包括元素硫的生成及硫酸铁的水解，硫酸铁水解生成铁矾或针铁矿。

文献［41］研究了在温度为 108℃、p_{O_2} 为 700kPa、矿浆浓度为 10%条件下酸度和氯化钠添加量对黄铜矿浸出的影响。在 5g/L 初始硫酸浓度下对比研究添加 10g/L Cl⁻ 对铜浸出的影响。前 15min 是一个快速启动期，添加 Cl⁻ 的试验铜浸出率约为 22%，比不加 Cl⁻ 高约 10%，随后均进入缓慢的浸出增长期，到 180min 时二者铜浸出率均不到 40%；在不加酸仅加入 10g/L Cl⁻ 时存在一个无铜浸出的 30min 诱导期，但渣中有 $Cu_2(OH)_3Cl$，30min 后进入快速启动期，此后其浸出率变化与加 5g/L 初始硫酸和 10g/L Cl⁻ 的实验基本相同。对于 50g/L 初始硫酸浓度和 20g/L 氯化钠添加量的实验，约 30min 铜浸出率就达到 94%，此后浸出速率也是受多硫化物钝化层影响，150min 后只达到 96%，约 89%的硫转化为元素硫。对硫酸根的监测表明，氯离子抑制了硫酸根的产出。文献［42］报道，温度升高到 150℃时元素硫的产率约为 70%~80%。较高的初始酸度和氯化钠添加量有助于提高元素硫的产率。推测是氯离子吸附到硫表面抑制了硫的直接氧化，强化了硫化矿的阳极氧化，同时对熔融硫起到分散作用。在低盐度和低酸度下，温度高于 150℃时铁的产物倾向于赤铁矿，温度低于 150℃时倾向于生成针铁矿；氯化钠和酸度略高时倾向于生成铁矾。

1.3 硫化矿加压浸出工艺与应用

1.3.1 锌矿加压浸出

早在 20 世纪 40 年代，国外即开始研究锌精矿的直接浸出工艺，加拿大的舍利特·高尔登公司从 1957 年开始研究在硫酸中加压浸出闪锌矿，后又与科明科（Cominco）公司一起进行中间试验和工业性考查[1]。70 年代，锌精矿加压浸出取得了重大进展，加拿大舍利特·高尔登公司研究开发的硫化锌精矿加压酸浸—电积工艺省去了焙烧和制酸系统，同时精矿的硫可以以元素硫的形式回收，消除

了 SO_2 对大气的污染，被认为比传统的焙烧—浸出—电积流程经济合理。1977年，加拿大舍利特·高尔登公司与科明科公司联合进行了日处理 3t 硫化锌精矿加压浸出和回收元素硫的半工业试验[43]。

第一个硫化锌精矿加压酸浸厂于 1981 年在加拿大特雷尔（Trail）建立，日处理精矿 190t，与原有传统流程平行运行。该加压浸出工艺温度控制在 150~180℃之间，加压浸出系统锌浸出率在 98% 以上，硫化物中 95%~96% 的硫转化成元素硫[44]。加压浸出液送常规流程的中性浸出，加压浸出工艺基本依赖原有系统的净化和电积系统。相关调查表明，特雷尔冶炼厂加压浸出系统处理锌矿量已占精矿总量的 23%，年产锌锭约 72500t[45~47]。加拿大 Timmins 的 Kidd Creek 加压浸出锌厂，于 1983 年投产，设计能力为日处理精矿 100t[48]。该厂也采用加压浸出工艺与传统锌冶炼主体工艺联合流程，1995 年该厂精矿处理能力达40000t[12]。德国的 Ruhr-Zink 于 1989 年完成加压浸出工业设计，于 1991 年中期实现了稳定生产，设计能力为日处理精矿 300t，与传统的焙烧—浸出—电积流程相结合，铁以赤铁矿形式沉淀出来，铁渣作为水泥原料使用，副产品为元素硫、Pb-Ag 精矿。哈得逊湾矿冶公司 HBMS 锌厂是世界上首家完全采用加压浸出工艺处理锌精矿的工厂，于 1993 年 7 月投产，采用 3 台加压釜取代了十多台多膛炉和巴秋克浸出槽，设计每小时处理精矿 21.6t，采用两段逆流浸出法，第一段浸出溶液含 Fe 量低于 2g/L，两段浸出后锌浸出率达 99%，年产锌锭 80000t[49~51]。

随着国外加压浸出工厂的运行，国内工厂也相继开始探索加压技术。20 世纪 90 年代云南冶金集团对硫化锌精矿特别是高铁硫化锌精矿进行了系统试验，于 2004 年在永昌公司建成年产 1 万吨的加压氧气浸出示范厂，浸出压力 0.8~1.2MPa，浸出温度 140~160℃，采用工业纯氧。2007 年云南冶金集团在澜沧公司建设年产 2 万吨的处理高铁硫化锌精矿的两段加压氧气浸出厂，经过工业试验，2008 年建成投产。我国第一座年产 10 万吨的加压氧气浸出工厂是中金岭南的丹霞冶炼厂，针对凡口铅锌矿生产的高镓高锗锌精矿，为了提高有价金属的综合回收率，选择了加压氧气浸出直接炼锌工艺。该厂于 2009 年建成投产。两段浸出后的锌浸出率达到 98%~99%，镓浸出率达到 90%，锗浸出率达 95% 左右，生产连续性好，2011 年硫黄生产系统投入正常运行。目前世界上锌冶炼企业采用加压浸出工艺处理的主要厂家列于表 1-4。

表 1-4   锌加压湿法冶金工厂

序号	工 厂	投产时间	电锌规模 /kt·a^{-1}	压力釜规格及数量	生产方式
1	加拿大科明科特雷尔锌厂（Cominco Trail）	1981 年	50	ϕ3.7m×15.2m, 1 台	一段氧压浸出与原焙砂浸出混合
		1997 年	80	ϕ3.7m×19m, 1 台	

序号	工　厂	投产时间	电锌规模 /kt·a⁻¹	压力釜规格及数量	生产方式
2	加拿大奇德·克里克矿业公司（Kidd Creek）	1983年	20	φ3.2m×21m，1台	一段氧压浸出
3	德国鲁尔·辛克锌厂（Ruhr-Zink）	1991年	50	φ3.9m×13m，1台	一段氧压浸出
			95	φ3.9m×19.3m，3台	
4	加拿大哈得孙·巴伊矿冶公司（Hudson Bay）	1993年 2000年	115	φ3.9m×21.5m，3台 其中备用1台	二段氧压浸出 全部处理锌精矿
5	哈萨克斯坦巴尔喀什厂	2003年	100	φ4.0m×25m，3台 其中备用1台	二段氧压浸出 全部处理锌精矿
6	中国中金岭南丹霞冶炼厂	2009年	100	φ4.2m×32m，3台 其中备用1台	二段氧压浸出 全部处理锌精矿
7	中国西部矿业公司 西部锌业厂	2014年	100		二段氧压浸出 全部处理锌精矿

1.3.2 铜矿加压浸出

铜矿的加压湿法冶金工艺目前尚无大规模工业化应用实例，已研发的技术和工艺还处于研究和试验阶段，几种典型的处理工艺总结如下。

1.3.2.1 高温高压

在高温高压（473～503K、1.7MPa）条件下，硫化物被全部氧化为硫酸盐和硫酸铜进入溶液。该工艺精矿不需要细磨，也不需要加入氯离子和其他催化剂。2003年底，Phelp Dodge采用该技术建设了年产16000t阴极铜的加压浸出工厂，以黄铜矿精矿为原料，加压浸出液送入氧化铜矿堆浸系统。Sepon湿法炼铜厂采用该技术处理辉铜矿原矿，年产阴极铜60000t。该工艺包括四段常压和一段高温高压浸出。矿石经过破碎、球磨至106μm，送入四段常压浸出，在353K浸出8h，浸出液萃取—电积生产阴极铜，浸出渣浮选回收未反应的辉铜矿和黄铁矿，送入高温高压浸出系统，浸出液送常压浸出第一段，浸出渣洗涤后堆存。该工厂于2005年3月投产，2006年1月产量已经达到设计能力，吨铜生产总成本为2016.67美元。

1.3.2.2 中温中压

（1）CESL工艺。该工艺由加拿大科明科工程服务公司开发，矿石磨矿至

40μm 以下粒级占 95%，保持浸出液中 12g/L 的 Cl^-，在 423~453K、总压 1.38MPa 条件下浸出，加压浸出液萃取—电积生产阴极铜，硫大部分以元素硫进入浸出渣中，加压浸出渣热滤脱硫（最近曾主张应用全氯乙烯溶硫），脱硫后回收贵金属，铜总回收率可以达到 90% 以上。1998 年科明科工程服务公司与 CVRD 公司合作，对 Salobo 和 Alemao 矿山产出的复杂铜精矿进行了实验室和半工业试验研究，拟分别建设年产 10000t 和 7700t 铜的加压湿法炼铜厂。但由于各种原因，此工艺一直没有实际应用。

（2）NSC 工艺。该工艺由美国爱达华州的阳光矿冶公司、蒙大拿州的矿冶新技术研究中心联合开发。要求磨矿粒度达到 80% 小于 10μm，在 398~428K、压力 630kPa 条件下进行加压氧化浸出，以硝酸作为催化剂，氧气作为氧化剂进行催化氧化。在处理含银和少量辉铜矿的黝铜矿上已经有大规模的工业应用。对于黄铜矿浸出的研究正处于实验室阶段。

（3）Dynatec 工艺。该工艺由加拿大舍利特·高尔登公司开发。最初主要针对锌精矿加压浸出，后开始研究黄铜矿加压浸出技术。要求精矿粒度 90% 小于 10μm，黄铜矿在 423K、辉铜矿在 373K、氧分压 0.5~1.5MPa 条件下浸出，该技术最初是用来浸出锌精矿，后来发展到处理黄铜矿，唯一不同之处就是后者在浸出时加入了木炭作为分散剂以缓解硫的包裹。浸出渣浮选回收铜和元素硫，氰化浸出回收贵金属。

1.3.2.3　低温低压

（1）Activox 与 MIM Albion 工艺。该工艺关键是精矿细磨，要求磨矿粒度达到 10μm 以下粒级占 80% 以上，然后在低温低压（368~373K，1MPa）条件下浸出，该工艺处理高品位的辉铜矿。

（2）Mt Gordon 硫酸铁法。该工艺是由澳大利亚 Mt Gordon 西部金属公司开发的，主要用于处理辉铜矿。要求磨矿细度全部小于 75μm，在 363K、氧气和硫酸铁作为氧化剂条件下进行两段低压（0.8kPa）浸出，已经建成了年产 5 万吨阴极铜的湿法炼铜厂。

（3）Pasminco 工艺。该工艺以 Cl^--SO_4^{2-} 为浸出介质，精矿细磨后 363K 通氧气常压浸出，主要用来处理冰铜。浸出后液经萃取—电积生产阴极铜，已经实现了工业化生产。

（4）BGRIMM-LPT 工艺。该工艺由北京矿冶研究总院开发，并获得了国家发明专利。该工艺在 100~115℃、0.5~0.7MPa 下反应 2h，铜浸出率在 95% 以上，黄铁矿基本不参与氧化反应，85% 以上的硫生成了单质硫，砷与铁结合成稳定的砷酸铁被固定在渣中。该工艺已经完成了复杂黄铜矿的半工业试验研究，取得了较好的技术经济指标。

1.3.3 镍矿加压浸出

1.3.3.1 加压氨浸

加压氨浸是指在一定温度和压力下，镍精矿中金属硫化物与矿浆中溶解的氧、氨和水反应，镍、钴、铜等金属生成可溶性的金属氨络合物进入溶液。目前世界上采用加压氨浸工艺处理硫化镍矿和镍锍的工厂有两个，一个是加拿大舍利特·高尔登公司萨斯喀切温堡精炼厂，另一个是澳大利亚克温那那镍精炼厂。萨斯喀切温堡精炼厂是世界上第一个采用加压氨浸处理镍硫化矿的生产厂，1954年工厂投产，最初工厂主要处理林湖矿区产出的铜镍硫化矿，后因原料不足，也处理美国国家铅公司产出的镍钴氧化焙砂和镍锍。该厂的初期生产能力为年产7700t，现镍粉的生产能力约为年产3.4万吨。澳大利亚西部矿业公司所属的克温那那镍精炼厂的原料有镍精矿和高镍锍，生产能力为每年产出3万吨高纯镍粉和镍块，此外还有3500t铜硫化物、1400t镍钴混合硫化物和15万吨硫酸铵。1985年之后改为全部处理镍锍、高镍锍和闪速炉的镍锍，为了适应这一转变，将两段浸出变为三段浸出，增加的第一段浸出用来溶解合金相中的镍，此时所需的氧量不高，三段浸出提高了氧的利用率。改造后生产能力增加，能耗下降，产出渣量也大大降低。

1.3.3.2 常压—加压酸浸

常压—加压酸浸是指在常压浸出过程中浸出镍锍中的合金相，浸出部分 Ni_3S_2 相中的镍，Cu_2S 相则不浸出，加压浸出则尽可能浸出镍和钴，浸出部分铜，将大部分铜和贵金属抑制在渣中。最早采用硫酸选择性浸出—加压浸出法的工厂是芬兰奥托昆普公司哈贾瓦尔塔精炼厂。该厂投产于1960年，处理的原料为熔炼厂产出的粒状高镍锍。常压浸出终点 pH 值达 5.5~6.3，溶液中的铜全部被沉淀，浸出液送电积回收镍，浸出渣进行加压浸出，操作温度为200℃。经常压浸出—加压浸出后，镍、钴的浸出率可达98%和97%。20世纪60年代投产的南非英帕拉铂公司斯普林镍精炼厂、英美公司宾都拉冶炼厂及70年代投产的美国阿马克斯镍精炼公司镍港精炼厂等均采用该工艺。1989年北京矿冶研究总院和新疆有色金属公司对新疆喀拉通克铜镍矿所产的高镍锍进行了选择性浸出—加压酸浸试验研究。在此基础上于1993年建成了阜康冶炼厂，采用一段常压和一段加压浸出处理高镍锍。

1.3.3.3 两段加压酸浸

两段加压酸浸中第一段加压浸出是选择性浸镍和沉淀铜，可在常压85~90℃

或高压 120~135℃进行。高压浸出可以改善铜和镍的分离，因而可产出更纯的阴极铜。第二段是最大限度地浸出金属硫化物，产出富含铂族金属渣。第二段浸出的温度为 150~160℃，氧分压为 150~350kPa。第一段浸出液可通过电积生产阴极镍。第二段浸出液可电积生产电铜，废电解液返回浸出系统中。经过两段加压浸出之后，镍、钴和铜的浸出率分别为 99.9%、99.0% 和 98.0%。第二段浸出渣作为铂族金属（PGM）精矿，PGM 品位从原料中的低于 1% 提高到 20% 以上，PGM 回收率为 100%。该工艺适合处理含铂族金属的铜镍锍，南非的英帕拉铂厂、吕斯腾堡精炼厂和西部铂厂都采用该工艺。硫化镍精矿及镍锍加压浸出的工业应用情况详见表 1-5。

表 1-5　加压浸出处理硫化镍精矿及镍锍的典型工厂

国家	冶炼厂	处理原料	工艺类型	年处理量/kt		
				Ni	Co	Cu
加拿大	Fort Saskatchewan	硫化镍精矿	氧压氨浸	27	—	—
美国	Port Nickel 精炼厂	Ni/Co 硫化物	氧压酸浸	27	2	—
芬兰	Harjavalta 精炼厂	含铜镍锍	氧压酸浸	40	0.5	125
加拿大	Fort Saskatchewan	Ni/Co 硫化物	氧压酸浸			
澳大利亚	Kwinana	硫化镍精矿	氧压氨浸	42		
南非	Impala Platinum	含铜镍锍	氧压酸浸	9	—	—
美国	Port Nickel 精炼厂	含铜镍锍	氧压酸浸	36.3	0.45	20
南非	Rustenburg 精炼厂	含铜镍锍	氧压酸浸	2.1	—	—
南非	Marikana 精炼厂	含铜镍锍	氧压酸浸	2.0	—	1.7
中国	阜康冶炼厂	含铜镍锍	氧压酸浸	2.0	—	—
中国	吉林镍业	含铜镍锍	氧压酸浸	10		
中国	金川有色公司	含铜镍锍	氧压酸浸	25		110

1.3.4　难处理金矿加压浸出

1.3.4.1　加压硫酸浸出

加压硫酸浸出是难处理金矿加压浸出工业应用最多的方法，主要通过高温高压氧化浸出，消除黄铁矿和砷黄铁矿的包裹影响[52~54]。加压浸出工序相对于氰化浸出来说属于预处理。该工艺浸出温度较高，通常高于 175℃，避免元素硫、砷酸铁和银铁矾等产物生成，以提高金氰化浸出率和降低氰化物消耗[55~58]。

原矿加压硫酸浸出工艺应用的典型案例是位于美国内华达州的 Barrick Goldstike 金矿厂，该厂矿石中金以细粒或微细粒包裹赋存于硫化物中和碳质矿物中，属于复杂卡林型金矿[59, 60]。该厂共有 6 个系列的加压浸出预处理车间，形成日处理 16000t 矿石规模。矿石经细磨后，首先经硫酸预调浆除去部分碳酸盐（进加压釜前碳酸盐含量小于 2%），然后经预热后矿浆连续进入加压釜中氧化反应，加压浸出温度 215~220℃，压力 2900kPa，浸出时间 40~60min，硫氧化率大于 97%。

金精矿加压硫酸浸出工艺应用的典型实例是巴布亚新几内亚 Porgera 金矿。该金矿采用磨矿—浮选—金精矿加压浸出—氰化浸出工艺流程，1991 年完成 6 台加压釜系列，日处理量 2500t，1994 年又完成 6 台加压釜预处理系列，日处理达到 2700t。该加压浸出温度 190℃，压力 1800kPa，矿浆停留时间 3h。未经过加压预处理金精矿氰化浸出率只有 40%，经过加压氧化后金的总回收率大于 94%。

1.3.4.2 加压硝酸浸出

加压硝酸浸出在 80~200℃、氧分压 500kPa、液固比 6∶1、总酸度 3mol/L（其中 HNO_3 0.5~3mol/L）条件下进行。该工艺以硝酸和硫酸混合酸为反应介质，硝酸起到催化氧化作用。由于硝酸属于非常规反应介质，硝酸虽可以循环使用，但仍存在氮损失，成本高，环保处理难等不足，导致硝酸加压氧化法尚无大规模工业应用实例。1981 年加拿大 Arseno 矿冶公司提出加压硝酸浸出金矿专利，反应过程中黄铁矿、毒砂等可在短短 15min 内完全氧化，经硝酸加压氧化预处理后金矿金氰化浸出率大于 93%。

1.3.4.3 原矿加压碱浸

加压碱浸预处理金矿的效果通常不如加压酸浸，可能是铁在颗粒表面氧化生成赤铁矿沉淀，形成钝化膜包裹金颗粒的原因[61-64]。原矿加压碱浸工艺应用的典型案例是位于美国盐湖城西部的 Mercur 矿区，该矿石中金大部分呈微细粒状赋存于硫化物中和碳质矿物中，小部分以自由金颗粒赋存于氧化矿中，是美国早期开采并采用全泥氰化工艺处理的卡林型金矿。矿石中含有 20% 以上的碳酸盐。1986 年 10 月，Barrick 在 Mercur 启动了日处理量 680t 的加压碱浸预处理工艺，工艺流程与加压酸浸预处理工艺流程相似，主要区别是碱浸工艺省略了预调浆过程，矿石经磨矿浓密后直接进入连续加压釜中氧化（215℃，3135kPa，浸出约 90min）。由于资源枯竭，Mercur 加压浸出车间于 1996 年 2 月停止运营。

综上所述，难处理金矿加压浸出主要应用于黄铁矿或砷黄铁矿包裹细浸染型金矿和含碳卡林型金矿。加压浸出介质包括硫酸介质和硝酸介质，反应体系包括酸性体系和碱性体系。处理的原料包括原矿和金精矿。表 1-6 列出了难处理金矿加压氧化预处理工艺的典型工厂。

表 1-6　难处理金矿加压氧化预处理工艺的典型工厂

工厂	国家	介质	给矿类型	处理能力/t·d⁻¹	高压釜台数	投产时间	直接氰化金浸出率/%	预氧化后金浸出率/%
McLaughlin	美国	酸性	矿石	2700	3	1985 年	0~65	>90
Sao Bento	巴西	酸性	精矿	240	2	1986 年	—	90
Mercur	美国	碱性	矿石	680	1	1988 年	20~60	>90
Getchell	美国	酸性	矿石	2730	3	1988 年	—	—
				1360	1	1990 年	—	—
Olympias	希腊	酸性	精矿	315	2	1990 年		97
Campell	加拿大	酸性	精矿	75	1	1991 年		—
Goldstrike	美国	酸性	矿石	5400	3	1991 年		—
				11580	6	1993 年		—
Porgera	巴新	酸性	精矿	2500	6	1991 年	—	95.5
				2700	6	1994 年	—	
Nerco Con	加拿大	酸性	精矿	100	1	1992 年	—	93
Long Tree	美国	酸性	矿石	2270	—	1994 年	—	90

尽管加压湿法冶金作为硫化矿处理的重要手段已经在国内外重金属硫化矿开发过程中得到了广泛关注，其工艺研究和工程应用方面也取得了重要进展。但总体来看，硫化矿加压浸出过程的机理研究还不够清晰，许多研究仅仅局限于动力学等单一因素，缺乏系统全面的深入研究，导致不同学者得出的结论说法不一，甚至差别很大。如闪锌矿低温加压浸出过程中生成的产物是元素硫和硫酸根，但是直接加压氧化成元素硫，还是存在中间产物 H_2S 存在不同观点；硫化矿加压浸出过程是基本单元反应，还是中间可能包括了诸多单元过程；铁在加压浸出过程中的氧化行为和矿物迁移行为，铁反应产物是二价态、三价态还是赤铁矿沉淀物形式存在不同说法。再如在动力学研究方面，同一矿物在不同的试验条件、不同体系下或不同矿物合成条件下得出的结论都不尽相同，如控制步骤和表观活化能等结论不一致。近年来，作者及其研究团队针对典型硫化矿（黄铜矿、砷黄铁矿和闪锌矿等）加压浸出过程特点，通过热力学分析和动力学条件试验，结合先进的高温电化学测试分析技术，开展了典型硫化矿浸出机理研究，取得了部分研究成果，极大丰富了硫化矿加压冶金基础理论，这些内容将在后续章节中加以详细介绍。

2 黄铜矿加压浸出

2.1 黄铜矿物理化学性质

黄铜矿（chalcopyrite）为铜铁硫化物（见图 2-1），化学式 $CuFeS_2$，理论组成为 Cu 34.56%、Fe 30.52%、S 34.92%。黄铜矿是分布最广和最主要的原生铜矿，约占地壳总铜矿物的70%以上。其主要是通过岩浆作用、接触交代作用、成矿热液作用结晶形成。黄铜矿呈黄色，表面常有蓝色、紫褐色的斑状锖色，具有金属光泽，不透明，具有一定导电性，相对密度4.1~4.3。黄铜矿常见的晶体结构为四方晶系，四面体四个角顶有两个被 Cu 占据，Fe 和 S 各占据一个角顶（见图 2-2）。

图 2-1 典型黄铜矿图片

针对一种产自中国江西某地的典型黄铜矿样品，经颚式破碎机破碎，然后用振动磨样机磨样，筛分后取一定量的矿样用 X 射线荧光光谱仪（XRF）进行定性分析，结果见表 2-1。该黄铜矿主要含有元素 Fe、Cu、S 和少量 SiO_2，采用化学分析法对该黄铜矿进行了主要元素定量分析，结果见表 2-2。图 2-3 为该黄铜矿样品的 X 射线衍射分析图，其中黑点为 X 射线衍射原始测量数据，直线为采用 Rietveld 全谱拟合的数据。原矿中主要物相为黄铜矿（$CuFeS_2$），并

含有少量的黄铁矿（FeS$_2$）。采用 Rietveld
全谱拟合的方法对 XRD 的物相进行半定
量分析可知，CuFeS$_2$ 的质量分数为
96.4%±6.9%，FeS$_2$ 的质量分数为 3.6%±
0.6%。通过拟合数据计算得到铜的质量
分数为 33.53% 左右，这与黄铜矿原矿
主要元素化学元素定量分析结果较为吻
合。本章后续浸出实验即采用该矿样
进行。

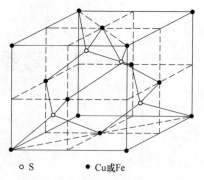

○ S　　　● Cu或Fe

图 2-2　黄铜矿晶体结构

表 2-1　江西某地黄铜矿样品 XRF 分析结果

组　分	Fe	Cu	S	Si	Zn	Al	Ca
质量分数/%	34.00	33.51	31.83	0.33	0.16	0.08	0.05

表 2-2　江西某地黄铜矿样品化学分析结果

组　分	Fe	Cu	S	SiO$_2$	Zn	Al$_2$O$_3$	Ca
质量分数/%	32.16	30.10	31.73	0.34	0.18	0.19	0.057

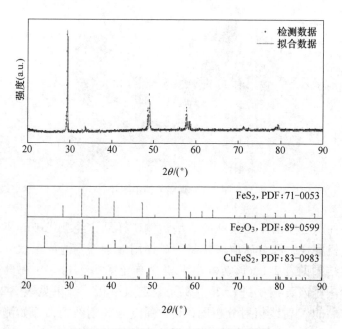

图 2-3　江西某地黄铜矿 XRD 分析结果

2.2 黄铜矿浸出热力学基础

目前研究表明，黄铜矿在酸性加压浸出体系中反应较缓慢，其氧化浸出机制比其他简单硫化矿物更复杂，直至今日也没有形成完全令人信服的黄铜矿浸出机理。有关研究中已表明，作为最典型的难浸铜矿，黄铜矿（$CuFeS_2$）处于 $Cu^+Fe^{3+}(S^{2-})_2$ 的价态结构。黄铜矿在硫酸体系中通常可发生如下化学反应：

$$CuFeS_2 + O_2 + 2H_2SO_4 \longrightarrow CuSO_4 + FeSO_4 + 2S + 2H_2O \tag{2-1}$$

$$CuFeS_2 + 5/4O_2 + 5/2H_2SO_4 \longrightarrow CuSO_4 + 1/2Fe_2(SO_4)_3 + 2S + 5/2H_2O \tag{2-2}$$

$$CuFeS_2 + 5/4O_2 + H_2SO_4 + 1/2H_2O \longrightarrow CuSO_4 + Fe(OH)_3 + 2S \tag{2-3}$$

$$CuFeS_2 + 5/4O_2 + H_2SO_4 \longrightarrow CuSO_4 + FeOOH + 2S + 1/2H_2O \tag{2-4}$$

由以上反应可知，酸和氧的消耗取决于铜、铁和硫的最终产物形态。

对于发生在水溶液中的金属或矿物的氧化还原反应，电位-pH 图是非常有效的热力学分析方法。常温常压下 $CuFeS_2$-H_2O 系的电位-pH 图已有很多学者进行了研究和报道，但在高温条件下的电位-pH 图尚不完善。下面介绍的方法是通过热力学计算得到不同温度条件下各个物质的生成吉布斯自由能 ΔG_T，进一步通过能斯特方程建立反应体系中各个反应的电位与 pH 值的关系，绘制出不同体系在不同条件下的电位-pH 图。

通常，在水溶液中所涉及的半电池反应可由以下通式表示：

$$xA + mH^+ + ne \Longrightarrow bB + cH_2O \tag{2-5}$$

根据能斯特方程可知：

$$E_T = E_T^{\ominus} - 2.303 \frac{RT}{nF} \ln \frac{a_B^b \cdot a_{H_2O}^c}{a_A^x \cdot a_{H^+}^m} \tag{2-6}$$

$$\Delta G_T^{\ominus} = -RT\ln K = -nFE_T^{\ominus} \tag{2-7}$$

因此，只要知道反应的 $\Delta G_T^{\ominus}$、K、$E_T^{\ominus}$ 中的任何一个值，就能求出反应的电位和 pH 值之间的关系。通过计算得到不同温度下反应的生成吉布斯自由能，进而可以得到该温度下的电位-pH 图。

不同温度条件下单质和化合物的热力学数据由以下方程计算：

$$H_T^{\ominus} = \Delta_f H_{298}^{\ominus} + \sum \int_{298}^{T} C_p(T) dT + \sum \Delta H_T \tag{2-8}$$

$$S_T^{\ominus} = S_{298}^{\ominus} + \sum \int_{298}^{T} \frac{C_p(T)}{T} dT + \sum \Delta S_T \tag{2-9}$$

$$G_T^{\ominus} = H_T^{\ominus} - TS_T^{\ominus} \tag{2-10}$$

$$\Delta G_T^{\ominus} = \sum G_T^{\ominus} \tag{2-11}$$

式中，$\Delta G_T^{\ominus}$ 为温度为 T 时反应的生成吉布斯自由能。

热容 $C_p(T)$ 的方程表达式为：

$$C_p(T) = A + B \times 10^{-3} \times T + C \times 10^5 \times T^{-2} + D \times 10^{-6} \times T^2 \quad (2\text{-}12)$$

不同温度条件下离子的热力学数据根据离子熵对应原理计算，通过平均热容法，计算公式为：

$$\Delta \overline{C_p}\,|_{T_r}^{T} = (S_T^{\ominus} - S_{T_r}^{\ominus})/\ln\frac{T}{T_r} \quad (2\text{-}13)$$

式中，$\Delta \overline{C_p}\,|_{T_r}^{T}$ 为平均热容；$S_T^{\ominus}$ 为离子的绝对熵。

通过式（2-13）得到不同类型的离子在不同温度下的平均热容后，可计算得到离子在不同温度下的热力学数据。

在不同温度条件下，电子 e 的热力学数据可根据氢电极的半电池反应计算，其反应式为：

$$H^+ + e =\!=\!= 1/2H_2 \quad (2\text{-}14)$$

根据定义，标准氢电极在任意温度下 $a_{H^+} = 1$，$p_{H_2} = 101.325\text{kPa}$，$\Delta G_{T(\text{SHE})}^{\ominus} = 0$，$E_{T(\text{SHE})}^{\ominus} = 0$。

根据吉布斯-亥姆霍兹公式有：

$$\Delta H_T^{\ominus} = nF\left(T\frac{\partial E^{\ominus}}{\partial T} - E^{\ominus}\right) \quad (2\text{-}15)$$

$$\Delta S_T^{\ominus} = nF\frac{\partial E^{\ominus}}{\partial T} \quad (2\text{-}16)$$

$$\Delta C_{pT}^{\ominus} = \left(\frac{\partial \Delta H_T^{\ominus}}{\partial T}\right)_p \quad (2\text{-}17)$$

则 $\Delta H_{T(\text{SHE})}^{\ominus} = 0$，$\Delta S_{T(\text{SHE})}^{\ominus} = 0$，$\Delta C_{p\,T(\text{SHE})}^{\ominus} = 0$。

因此，电子的热力学数据计算如下：

$$G_{(e)T}^{\ominus} = \frac{1}{2}G_{(H_2)T}^{\ominus} - \overline{G}_{(H^+)T}^{\ominus} \quad (2\text{-}18)$$

$$H_{(e)T}^{\ominus} = \frac{1}{2}H_{(H_2)T}^{\ominus} - \overline{H}_{(H^+)T}^{\ominus} \quad (2\text{-}19)$$

$$S_{(e)T}^{\ominus} = \frac{1}{2}S_{(H_2)T}^{\ominus} - \overline{S}_{(H^+)T}^{\ominus} \quad (2\text{-}20)$$

根据上述计算方法，针对 Cu-Fe-S-H$_2$O 系中各个温度下可能参与反应的主要物质的自由能 $G_T^{\ominus}$ 计算结果见表 2-3。

表 2-3 不同温度下 Cu-Fe-S-H₂O 系主要物质的自由能 $G_T^\ominus$

成分	$G_T^\ominus$/kJ·mol⁻¹								
	$G_{25}^\ominus$	$G_{80}^\ominus$	$G_{120}^\ominus$	$G_{130}^\ominus$	$G_{140}^\ominus$	$G_{150}^\ominus$	$G_{160}^\ominus$	$G_{170}^\ominus$	$G_{180}^\ominus$
Fe	-8.1	-9.8	-11.1	-11.4	-11.8	-12.2	-12.5	-12.9	-13.3
H⁺	6.2	6.9	6.7	6.5	6.3	6.0	5.7	5.3	4.9
H₂	-38.9	-46.3	-51.8	-53.1	-54.5	-55.9	-57.4	-58.8	-60.2
O₂	-61.1	-72.6	-81.0	-83.2	-85.3	-87.5	-89.6	-91.8	-94.0
S	-9.6	-11.4	-12.9	-13.3	-13.7	-14.1	-14.5	-14.9	-15.3
e	-25.7	-30.0	-32.5	-33.1	-33.5	-34.0	-34.4	-34.7	-35.0
Cu	-12.59	-12.99	-13.384	-13.8	-14.2	-14.6	-15.0	-15.5	-15.9
CuO	-73.63	-74.16	-74.71	-75.3	-75.8	-76.4	-77.0	-77.6	-78.2
Cu₂O	-204	-205.1	-206.2	-207.3	-208.5	-209.6	-210.8	-212.01	-213.2
Fe₂O₃	-858	-859.2	-860.4	-861.6	-862.8	-864.1	-865.4	-866.7	-868
FeS₂	-198.5	-199.2	-199.9	-200.6	-201.4	-202.2	-202.9	-203.74	-204.6
CuFeS₂	-238	-239.5	-241.1	-242.6	-244.2	-245.8	-247.4	-249.05	-250.7
Cu₅FeS₄	-518.2	-522.4	-526.7	-531.1	-535.5	-540	-544.6	-549.22	-553.9
Fe(OH)₂	-600.2	-605.5	-609.9	-611.1	-612.3	-613.5	-614.7	-616.0	-617.3
Fe(OH)₃	-864.2	-870.4	-875.6	-876.9	-878.3	-879.8	-881.2	-882.7	-884.2
Cu⁺	48.45	48.2	48	47.8	47.55	47.32	47.09	46.85	46.61
Cu²⁺	75.21	76.4	77.5	78.6	79.65	80.7	81.7	82.67	83.6
Fe²⁺	35.6	27.0	22.5	21.6	20.9	20.2	-19.6	-19.1	-18.7
Fe³⁺	64.4	83.4	94.8	97.3	99.7	102.0	104.1	106.1	107.9
H₂O	-306.7	-310.7	-313.8	-314.6	-315.4	-316.2	-317.0	-317.9	-318.7
H₂S	-81.9	-93.4	-102.0	-104.1	-106.3	-108.5	-110.6	-112.8	-115.0
HS⁻	-42.7	-46.4	-47.6	-47.7	-47.7	-47.6	-47.5	-47.2	-46.9
HSO₄⁻	-932.4	-940.9	-947.1	-948.7	-950.3	-951.9	-953.5	-955.1	-956.6
S²⁻	25.0	24.6	25.8	26.3	26.9	27.6	28.3	29.2	30.1
SO₄²⁻	-927.3	-928.7	-927.1	-926.4	-925.5	-924.5	-923.3	-922.0	-920.5

根据上述热力学数据，计算了黄铜矿浸出过程中可能的不同反应的热力学数据，结果见表 2-4～表 2-22。

表 2-4　Cu-Fe-S-H$_2$O 系中反应 1 在不同温度下的平衡方程

反应 1	反应方程			Fe^{2+} + 2e === Fe					
	电位-pH 方程			$E = E^{\ominus} + A\lg c_{Fe^{2+}}$					
$T/℃$	25	80	120	130	140	150	160	170	180
$E^{\ominus}/\text{kJ} \cdot \text{mol}^{-1}$	-0.409	-0.401	-0.397	-0.396	-0.395	-0.394	-0.393	-0.392	-0.391
A	0.030	0.035	0.039	0.040	0.041	0.042	0.043	0.044	0.045

表 2-5　Cu-Fe-S-H$_2$O 系中反应 2 在不同温度下的平衡方程

反应 2	反应方程			Fe^{3+} + e === Fe^{2+}					
	电位-pH 方程			$E = E^{\ominus} + A\lg(c_{Fe^{3+}}/c_{Fe^{2+}})$					
$T/℃$	25	80	120	130	140	150	160	170	180
$E^{\ominus}/\text{kJ} \cdot \text{mol}^{-1}$	0.769	0.833	0.879	0.890	0.902	0.914	0.925	0.937	0.949
A	0.059	0.070	0.078	0.080	0.082	0.084	0.086	0.088	0.090

表 2-6　Cu-Fe-S-H$_2$O 系中反应 3 在不同温度下的平衡方程

反应 3	反应方程			Fe(OH)$_3$ + 3H$^+$ + e === Fe^{2+} + 3H$_2$O					
	电位-pH 方程			$E = E^{\ominus} - A\lg c_{Fe^{2+}} - B \cdot pH$					
$T/℃$	25	80	120	130	140	150	160	170	180
$E^{\ominus}/\text{kJ} \cdot \text{mol}^{-1}$	0.875	0.822	0.785	0.776	0.767	0.757	0.748	0.738	0.729
A	0.059	0.070	0.078	0.080	0.082	0.084	0.086	0.088	0.090
B	0.177	0.210	0.234	0.240	0.246	0.252	0.258	0.264	0.270

表 2-7　Cu-Fe-S-H$_2$O 系中反应 4 在不同温度下的平衡方程

反应 4	反应方程			Fe(OH)$_3$ + H$^+$ + e === Fe(OH)$_2$ + H$_2$O					
	电位-pH 方程			$E = E^{\ominus} - B \cdot pH$					
$T/℃$	25	80	120	130	140	150	160	170	180
$E^{\ominus}/\text{kJ} \cdot \text{mol}^{-1}$	0.241	0.234	0.230	0.229	0.228	0.227	0.226	0.225	0.225
B	0.059	0.070	0.078	0.080	0.082	0.084	0.086	0.088	0.090

表 2-8　Cu-Fe-S-H$_2$O 系中反应 5 在不同温度下的平衡方程

反应 5	反应方程			HSO$_4^-$ + 7H$^+$ + 6e === S + 4H$_2$O					
	电位-pH 方程			$E = E^{\ominus} + A\lg c_{HSO_4^-} - B \cdot pH$					
$T/℃$	25	80	120	130	140	150	160	170	180
$E^{\ominus}/\text{kJ} \cdot \text{mol}^{-1}$	0.334	0.313	0.298	0.294	0.290	0.285	0.281	0.277	0.273

反应5	反应方程			$HSO_4^- + 7H^+ + 6e \Longrightarrow S + 4H_2O$					
	电位-pH 方程			$E = E^{\ominus} + A\lg c_{HSO_4^-} - B \cdot pH$					
A	0.010	0.012	0.013	0.013	0.014	0.014	0.014	0.015	0.015
B	0.069	0.082	0.091	0.093	0.096	0.098	0.100	0.103	0.105

表2-9　Cu-Fe-S-H$_2$O 系中反应6 在不同温度下的平衡方程

反应6	反应方程			$SO_4^{2-} + H^+ \Longrightarrow HSO_4^-$					
	电位-pH 方程			$pH = \lg K^{\ominus} + \lg(c_{SO_4^{2-}}/c_{HSO_4^-})$					
$T/℃$	25	80	120	130	140	150	160	170	180
$\lg K^{\ominus}$	1.979	2.825	3.545	3.735	3.928	4.124	4.323	4.525	4.729

表2-10　Cu-Fe-S-H$_2$O 系中反应7 在不同温度下的平衡方程

反应7	反应方程			$S + 2H^+ + 2e \Longrightarrow H_2S$					
	电位-pH 方程			$E = E^{\ominus} - A\lg c_{H_2S} - B \cdot pH$					
$T/℃$	25	80	120	130	140	150	160	170	180
$E^{\ominus}/kJ \cdot mol^{-1}$	0.173	0.185	0.193	0.195	0.197	0.199	0.201	0.203	0.205
A	0.030	0.035	0.039	0.040	0.041	0.042	0.043	0.044	0.045
B	0.059	0.070	0.078	0.080	0.082	0.084	0.086	0.088	0.090

表2-11　Cu-Fe-S-H$_2$O 系中反应8 在不同温度下的平衡方程

反应8	反应方程			$HS^- + H^+ \Longrightarrow H_2S$					
	电位-pH 方程			$pH = \lg K^{\ominus} + \lg(c_{HS^-}/c_{H_2S})$					
$T/℃$	25	80	120	130	140	150	160	170	180
$\lg K^{\ominus}$	7.956	7.976	8.107	8.152	8.200	8.252	8.307	8.364	8.424

表2-12　Cu-Fe-S-H$_2$O 系中反应9 在不同温度下的平衡方程

反应9	反应方程			$S^{2-} + H^+ \Longrightarrow HS^-$					
	电位-pH 方程			$pH = \lg K^{\ominus} + \lg(c_{S^{2-}}/c_{HS^-})$					
$T/℃$	25	80	120	130	140	150	160	170	180
$\lg K^{\ominus}$	12.945	11.522	10.640	10.432	10.229	10.029	9.832	9.638	9.447

表2-13　Cu-Fe-S-H$_2$O 系中反应10 在不同温度下的平衡方程

反应10	反应方程			$Cu^{2+} + H_2O \Longrightarrow CuO + 2H^+ + 2e$					
	电位-pH 方程			$pH = \lg K^{\ominus} - 1/2\lg c_{Cu^{2+}}$					
$T/℃$	25	80	120	130	140	150	160	170	180
$\lg K^{\ominus}$	2.29	2.28	2.27	2.27	2.26	2.26	2.26	2.25	2.25

表 2-14　Cu-Fe-S-H₂O 系中反应 11 在不同温度下的平衡方程

反应 11	反应方程			$Cu_2O + 2H^+ = 2Cu^+ + H_2O$					
	电位-pH 方程			$pH = -lgK^{\ominus} - lgc_{Cu^{2+}}$					
$T/℃$	25	80	120	130	140	150	160	170	180
$lgK^{\ominus}$	12.945	11.522	10.640	10.432	10.229	10.029	9.832	9.638	9.447

表 2-15　Cu-Fe-S-H₂O 系中反应 12 在不同温度下的平衡方程

反应 12	反应方程			$Cu_2O + H_2O = 2H^+ + HCuO_2^-$					
	电位-pH 方程			$pH = lgK^{\ominus} - lgc_{HCuO_2^-}$					
$T/℃$	25	80	120	130	140	150	160	170	180
$lgK^{\ominus}$	16.78	16.55	16.00	15.67	15.34	15.32	15.29	15.21	15.18

表 2-16　Cu-Fe-S-H₂O 系中反应 13 在不同温度下的平衡方程

反应 13	反应方程			$Cu_2O + 2H^+ = 2Cu^+ + H_2O$					
	电位-pH 方程			$pH = -lgK^{\ominus} - lgc_{Cu^{2+}}$					
$T/℃$	25	80	120	130	140	150	160	170	180
$lgK^{\ominus}$	1.01	1.01	1.01	1.00	1.01	0.99	0.98	0.97	0.97

表 2-17　Cu-Fe-S-H₂O 系中反应 14 在不同温度下的平衡方程

反应 14	反应方程			$CuS + 2H^+ = Cu^{2+} + H_2S(aq)$					
	电位-pH 方程			$E = -lgK^{\ominus} - 1/2lgc_{Cu^{2+}} - 1/2lgc_{H_2S(aq)}$					
$T/℃$	25	80	120	130	140	150	160	170	180
$lg K^{\ominus}$	6.98	6.43	6.01	5.88	5.69	5.37	5.20	5.01	4.88

表 2-18　Cu-Fe-S-H₂O 系中反应 15 在不同温度下的平衡方程

反应 15	反应方程			$CuFeS_2 + 2H^+ = CuS + Fe^{2+} + H_2S(aq)$					
	电位-pH 方程			$pH = -lgK^{\ominus} - 1/2lgc_{Fe^{2+}} - 1/2lgc_{H_2S(aq)}$					
$T/℃$	25	80	120	130	140	150	160	170	180
$lgK^{\ominus}$	1.16	1.12	1.04	1.0432	1.029	0.95	0.87	0.83	0.82

表 2-19　Cu-Fe-S-H₂O 系中反应 16 在不同温度下的平衡方程

反应 16	反应方程			$Fe_2O_3 + 6H^+ = 2Fe^{3+} + 3H_2O$					
	电位-pH 方程			$pH = -lgK^{\ominus} - 1/3lgc_{Fe^{2+}}$					
$T/℃$	25	80	120	130	140	150	160	170	180
$lgK^{\ominus}$	0.83	0.93	1.02	1.12	1.23	1.33	1.38	1.41	1.46

表 2-20 Cu-Fe-S-H₂O 系中反应 17 在不同温度下的平衡方程

反应 17	反应方程			$HSO_4^- + 7H^+ + 6e \Longrightarrow S^0 + 4H_2O$					
	电位-pH 方程			$E = -\lg K^\ominus - A\text{pH} + B\lg c_{HSO_4^-}$					
$T/℃$	25	80	120	130	140	150	160	170	180
$\lg K^\ominus$	0.3835	0.328	0.316	0.311	0.308	0.301	0.296	0.289	0.266
A	0.0769	0.0857	0.0867	0.0874	0.0899	0.0979	0.113	0.121	0.1234
B	0.101	0.117	0.123	0.129	0.353	0.140	0.146	0.151	0.155

表 2-21 Cu-Fe-S-H₂O 系中反应 18 在不同温度下的平衡方程

反应 18	反应方程			$SO_4^{2-} + 8H^+ + 6e \Longrightarrow S^0 + 4H_2O$					
	电位-pH 方程			$E = E^\ominus - A\text{pH} + B\lg c_{HSO_4^-}$					
$T/℃$	25	80	120	130	140	150	160	170	180
$E^\ominus/\text{kJ}\cdot\text{mol}^{-1}$	0.334	0.343	0.352	0.352	0.352	0.352	0.352	0.352	0.352
A	0.0978	0.0986	0.0988	0.0991	0.1095	0.1119	0.1123	0.1126	0.1131
B	0.0098	0.0106	0.0126	0.0131	0.0135	0.0140	0.0143	0.0146	0.0149

表 2-22 Cu-Fe-S-H₂O 系中反应 19 在不同温度下的平衡方程

反应 19	反应方程			$SO_4^{2-} + 8H^+ + 6e \Longrightarrow S^0 + 4H_2O$					
	电位-pH 方程			$E = E^\ominus - A\text{pH} + B\lg c_{HSO_4^-}$					
$T/℃$	25	80	120	130	140	150	160	170	180
$E^\ominus/\text{kJ}\cdot\text{mol}^{-1}$	0.31	0.34	0.36	10.432	10.229	10.029	9.832	9.638	9.447
A	0.0784		0.0988	0.0989	0.102	0.1119	0.1123	0.01126	0.01128
R	0.0096	0.0106	0.0126	0.0135	0.0137	0.0139	0.0139	0.0142	0.0148

图 2-4 是 25℃、80℃、120℃、140℃、160℃、180℃的 Cu-Fe-S-H₂O 系电位-pH 图。对比不同温度下 Cu-Fe-S-H₂O 系电位-pH 图，可以看出：

（1）温度对黄铜矿热力学浸出过程具有显著影响。当温度从 25℃增加至 180℃时，单质硫在水溶液中稳定区逐渐收缩。因此，在黄铜矿加压浸出反应过程中，生成的硫单质可能团聚在未反应黄铜矿表面能形成一定的包裹，阻碍氧化反应的进行。

（2）单质硫的稳定区存在于酸性条件下，酸度较高（pH<2）时，随着电位升高，S 元素从 H₂S 氧化为单质 S，再从单质 S 氧化为 HSO_4^-；而酸度较低时（pH<7），H₂S 可直接氧化为 SO_4^{2-}。

（3）温度升高，黄铜矿的稳定区收缩，适当条件下，黄铜矿可被氧化生成斑铜矿等易浸出铜矿物。黄铜矿稳定区收缩幅度与硫的稳定区类似,在碱性区域相对较大,升高温度导致黄铜矿与硫的重叠区变小。从热力学角度分析,利用加温加压促进黄铜矿浸出是可行的。

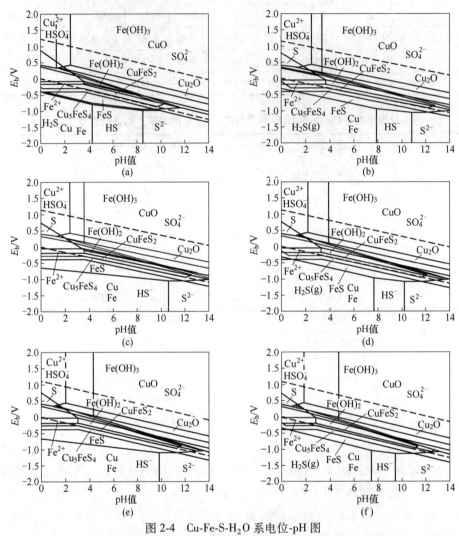

图 2-4 Cu-Fe-S-H$_2$O 系电位-pH 图

(a) 25℃；(b) 80℃；(c) 120℃；(d) 140℃；(e) 160℃；(f) 180℃

需要指出的是,当溶液中含有其他易水解组分时,在高温条件下的溶液 pH 值不易测量,也难以计算。对简单高温溶液 pH 值的校准可采用 R. Lowson 关系式进行两个温度 pH 值的互换,对高温溶液 pH 值进行校准,其结果如图 2-5 所示,根据这个关系图,可以通过常温 pH 值对高温试验溶液 pH 值进行大致估计。

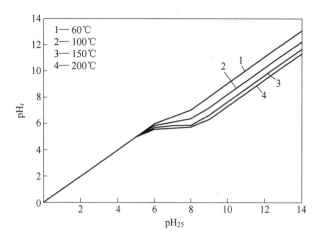

图 2-5 不同温度下溶液 pH_t-pH_{25}关系图

2.3 黄铜矿常压浸出动力学

2.3.1 H₂SO₄ 浸出体系

针对江西某地黄铜矿样品开展了常压硫酸浸出试验研究，结果如图 2-6 所示。可以看出，在实验条件下，当反应温度由 25℃升高至 80℃时，反应 5h 后，黄铜矿在 H_2SO_4 溶液中 Cu 的浸出率仅从 0.39%增加到 1.45%，Fe 的浸出率从 1.04%增加到 2.29%。升高浸出温度对黄铜矿在 H_2SO_4 溶液浸出的促进作用很小，而随着反应时间的延长，黄铜矿中 Cu、Fe 的浸出率几乎不变，表明黄铜矿在硫酸溶液中常压条件下难以浸出。

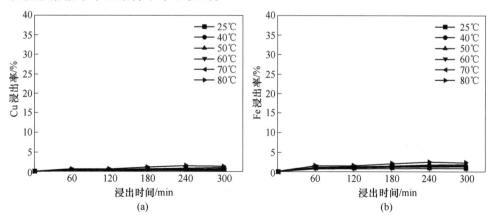

图 2-6 常压下反应温度对 Cu（a）和 Fe（b）浸出的影响

（0.1mol/L H_2SO_4，L/S=50，240r/min，5h）

通过图 2-7 可知，当 H_2SO_4 浓度由 0.001mol/L 升高至 1mol/L 时，反应 5h 后，黄铜矿在 H_2SO_4 溶液中 Cu 的浸出率仅从 0.12% 增加到 3.34%，Fe 的浸出率从 0.05% 增加到 4.42%。由以上结果可知，升高 H_2SO_4 浓度对黄铜矿在 H_2SO_4 溶液浸出的促进作用很小，即使延长反应时间，黄铜矿中 Cu、Fe 的浸出率依然没有显著增加。

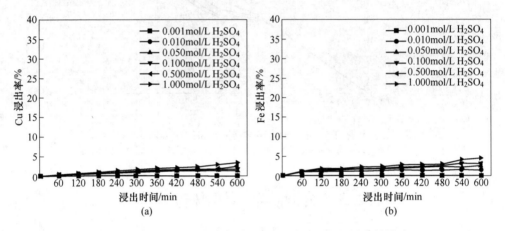

图 2-7   常压下 H_2SO_4 浓度对 Cu（a）和 Fe（b）浸出的影响

(80℃，L/S=50，240r/min，10h)

以上结果表明，当黄铜矿在 H_2SO_4 溶液中浸出时，提高反应温度和 H_2SO_4 浓度均对 Cu、Fe 浸出率的影响很小。而黄铜矿在 H_2SO_4 溶液中溶解速度缓慢，Cu、Fe 浸出率低的主要原因可能是黄铜矿在浸出过程中表面形成一层致密且稳定的钝化膜。该钝化膜的形成阻碍了黄铜矿与溶液的进一步反应，温度和酸度的变化对钝化膜的破坏和溶解影响很小。

2.3.2 H_2SO_4-$Fe_2(SO_4)_3$ 体系

黄铜矿在 H_2SO_4-$Fe_2(SO_4)_3$ 溶液中的浸出结果如图 2-8 和图 2-9 所示。由图 2-8 可以看出，随着反应温度由 25℃ 升高至 80℃，反应 5h 后，黄铜矿在 H_2SO_4-$Fe_2(SO_4)_3$ 溶液中 Cu 的浸出率从 0.68% 增加到 15.98%。由以上结果可知，黄铜矿在 H_2SO_4-$Fe_2(SO_4)_3$ 溶液中氧化浸出时，反应温度对 Cu 浸出率影响较大，随着反应温度的升高，黄铜矿的反应速率加快，Cu 浸出率增加。

由图 2-9 可知，在 80℃ 条件下，随着 H_2SO_4 浓度由 0.01mol/L 升高至 0.1mol/L，反应 10h 后，黄铜矿在 H_2SO_4-$Fe_2(SO_4)_3$ 溶液中 Cu 的浸出率从 14.55% 增加到 18.35%。但是，当 H_2SO_4 浓度由 0.1mol/L 升高至 2mol/L 时，溶液中 Cu 的浸出率又逐渐开始降低至 9.55%。在一定范围内增大 $Fe_2(SO_4)_3$ 浓度

会增大浸出体系的氧化能力，有利于黄铜矿浸出。当 $Fe_2(SO_4)_3$ 浓度在 0.01 ~ 0.2mol/L 范围变化时，$Fe_2(SO_4)_3$ 浓度增加对黄铜矿溶解起到促进作用，当 $Fe_2(SO_4)_3$ 浓度在 0.2~0.4mol/L 范围变化时，$Fe_2(SO_4)_3$ 浓度增加对黄铜矿溶解起到抑制作用（见图2-10）。

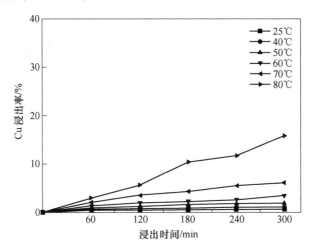

图 2-8 温度对 H_2SO_4-$Fe_2(SO_4)_3$ 溶液中 Cu 浸出率的影响

（0.1mol/L H_2SO_4-0.1mol/L $Fe_2(SO_4)_3$，L/S=50，240r/min，5h）

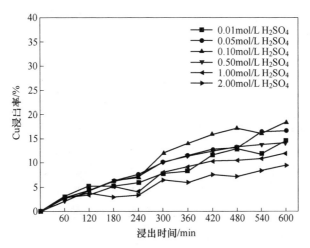

图 2-9 H_2SO_4 浓度对 H_2SO_4-$Fe_2(SO_4)_3$ 溶液中 Cu 浸出率的影响

（80℃，0.1mol/L $Fe_2(SO_4)_3$，L/S=50，240r/min，10h）

通过以上实验结果可以看出，在80℃反应温度下，在 H_2SO_4 溶液中添加 Fe^{3+} 作为氧化剂可以显著提高黄铜矿中 Cu 的浸出率。当黄铜矿在 H_2SO_4-$Fe_2(SO_4)_3$ 溶

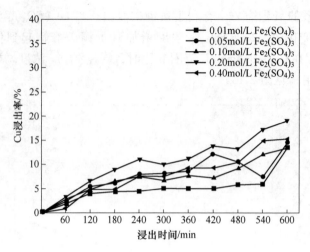

图 2-10　$Fe_2(SO_4)_3$ 浓度对 H_2SO_4-$Fe_2(SO_4)_3$ 溶液中 Cu 浸出率的影响

液中氧化浸出时，提高反应温度对 Cu 的浸出率的影响较大，相对而言，提高 H_2SO_4 浓度和 $Fe_2(SO_4)_3$ 溶液对 Cu 浸出率的影响较小。升高反应温度可以大幅提高 H_2SO_4-$Fe_2(SO_4)_3$ 溶液中 Cu、Fe 的浸出率的原因可能在于：（1）黄铜矿在 H_2SO_4-$Fe_2(SO_4)_3$ 溶液中反应的活化能较高，升高温度可以为破坏黄铜矿晶格中的化学键提供能量，促进黄铜矿的溶解。（2）黄铜矿在 H_2SO_4-$Fe_2(SO_4)_3$ 溶液中氧化浸出的动力学过程主要受化学反应控制，因此升高温度有利于加快黄铜矿溶解的反应速率。

　　H_2SO_4 浓度对黄铜矿在 H_2SO_4-$Fe_2(SO_4)_3$ 溶液中氧化浸出的效果的影响分为两方面。一方面，当 H_2SO_4 浓度小于 0.1mol/L 时，随着 H_2SO_4 浓度的增加，Cu 的浸出率随之增加。因为提高了溶液的酸度可以避免溶液中大量的 Fe^{3+} 发生水解或者生成铁矾沉淀，所以有利于黄铜矿的进一步氧化浸出。另一方面，当 H_2SO_4 浓度大于 0.1mol/L 时，随着 H_2SO_4 浓度的增加，Cu 的浸出率开始减小。因为当溶液 pH 值过低时，在浸出过程中黄铜矿表面会形成缺金属硫化物的钝化膜，表层钝化膜会影响物质与电子的传递过程，影响反应的进行。另外，许多研究表明当 $Fe_2(SO_4)_3$ 浓度超过 0.01mol/L 时，继续增加 $Fe_2(SO_4)_3$ 的浓度对黄铜矿浸出影响很小，本组实验结果也与之相符合。

2.3.3　黄铜矿在 H_2SO_4-H_2O_2 溶液中的浸出

　　黄铜矿在 H_2SO_4-H_2O_2 溶液中的浸出实验结果如图 2-11~图 2-13 所示。

　　由图 2-11 可以看出，在实验条件下，随着反应温度由 25℃升高至 80℃时（反应 5h），黄铜矿在 H_2SO_4-H_2O_2 溶液中的 Cu 的浸出率从 27.09% 降低到

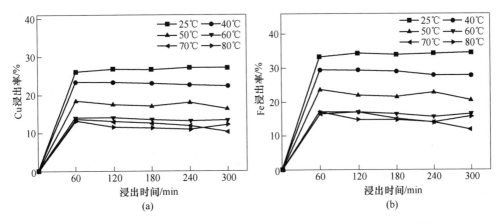

图 2-11　反应温度对 H_2SO_4-H_2O_2 溶液中 Cu（a）和 Fe（b）浸出率的影响

（$1mol/L\ H_2SO_4$-$15\%\ H_2O_2$，$L/S=50$，$5h$）

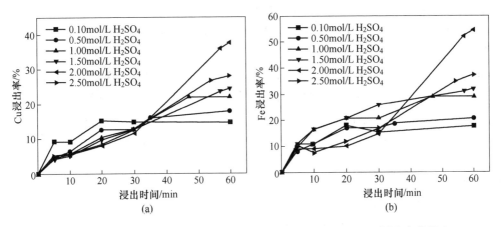

图 2-12　H_2SO_4 浓度对 H_2SO_4-H_2O_2 溶液中 Cu（a）和 Fe（b）浸出率的影响

（$25℃$，$15\%\ H_2O_2$，$L/S=50$，$1h$）

12.13%，Fe 的浸出率从 34.58% 降低到 15.72%。因此，黄铜矿在 H_2SO_4-H_2O_2 溶液中氧化浸出时，反应温度与 Cu、Fe 浸出率负相关，可能是随着反应温度的升高，氧化剂 H_2O_2 开始分解，因而 Cu、Fe 浸出率随之降低。而随着反应时间的延长，在 1h 以内，黄铜矿中 Cu、Fe 的浸出率迅速增加后达到稳定。当反应时间超过 1h 以后，黄铜矿中 Cu、Fe 的浸出率几乎不变。

由图 2-12 可知，随着 H_2SO_4 浓度由 $0.1mol/L$ 升高至 $2.0mol/L$ 时，反应 1h 后，黄铜矿在 H_2SO_4-H_2O_2 溶液中 Cu 的浸出从 14.59% 增加到 37.59%，Fe 的浸出率从 17.73% 增加到 54.51%。当 H_2SO_4 浓度由 $2.0mol/L$ 升高至 $2.5mol/L$

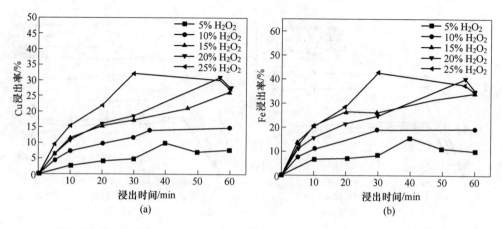

图 2-13　H_2O_2 浓度对 H_2SO_4-H_2O_2 溶液中 Cu（a）和 Fe（b）浸出率的影响

（25℃，2.0mol/L H_2SO_4，L/S=50，1h）

时，溶液中 Cu、Fe 的浸出率反而又开始降低，Cu 浸出率降低到 28.14%，Fe 浸出率降低到 37.41%。而随着浸出时间的延长，前 30min 内 H_2SO_4 浓度的增加会抑制黄铜矿的浸出，但在后 30min 反应过程中，H_2SO_4 浓度的增加却明显提高了黄铜矿中 Cu、Fe 的浸出率。当 H_2SO_4 浓度范围为 0.1~2.0mol/L 时，随着 H_2SO_4 浓度的升高，Cu、Fe 浸出率随之明显升高，所以 H_2SO_4 浓度的增加对黄铜矿在 H_2SO_4-H_2O_2 溶液中氧化浸出具有明显的促进作用。

　　通过图 2-13 可知，随着 H_2O_2 浓度由 5% 升高至 20% 时，反应 1h 后，黄铜矿在 H_2SO_4-H_2O_2 溶液中 Cu 的浸出率从 7.77% 增加到 27.84%，Fe 的浸出率从 10.09% 增加到 35.38%。当 H_2O_2 浓度由 20% 升高至 25% 时，溶液中 Cu、Fe 的浸出率又开始小幅降低。而随着浸出时间的延长，Cu、Fe 的浸出率先快速增加再缓慢达到稳定，H_2O_2 浓度的增加会延缓 Cu、Fe 的浸出率达到稳定所需的时间。由以上结果可知，当 H_2O_2 浓度范围为 5%~25% 时，随着 H_2O_2 浓度的升高，Cu、Fe 浸出率随之明显升高，所以 H_2O_2 浓度的增加对黄铜矿在 H_2SO_4-H_2O_2 溶液中氧化浸出具有明显的促进作用。

　　通过以上实验结果可以看出，常温下在 H_2SO_4 溶液中加入 H_2O_2 作为氧化剂可以明显提高黄铜矿中 Cu、Fe 的浸出率。当黄铜矿在 H_2SO_4-H_2O_2 溶液中氧化浸出时，提高反应温度、H_2SO_4 浓度和 H_2O_2 浓度均对 Cu、Fe 的浸出率具有明显的影响。其中，升高反应温度对黄铜矿的溶解具有抑制作用，因为高温下 H_2O_2 不稳定，分解速率加快，所以在升温过程中 H_2O_2 浓度降低，溶液氧化还原电位降低，不利于黄铜矿的氧化浸出。而在一定范围内提高 H_2SO_4 浓度可以明显改善黄铜矿在 H_2SO_4-H_2O_2 溶液中氧化浸出的效果。因为随着 H_2SO_4 浓度的增加，H_2SO_4-H_2O_2 溶液的氧化还原电位也随之增加，所以提高 H_2SO_4 浓度有利于黄铜矿在 H_2SO_4-H_2O_2 溶液中的氧化浸出。实验结果还显示了 H_2SO_4 浓度的增加也会降低黄铜矿在 H_2SO_4-H_2O_2 溶液中反应初期的浸出速率，延长反应到达稳定所需的时间。Jpetrovi 等人[65] 的研究表明低浓度的 H_2SO_4 在溶液中具有稳定剂的作用，可以抑制溶液中 H_2O_2 的分解，当 H_2SO_4 浓度较低时，黄铜矿在 H_2SO_4-H_2O_2 溶液中氧化浸出的起始反应速率加快。但随着反应进行，黄铜矿中溶出的 Fe^{3+} 由于溶液酸度较低而在黄铜矿表面发生水解，形成氢氧化铁沉淀，从而阻碍黄铜矿与 H_2O_2 的反应。因此当 H_2SO_4 浓度较低时，黄铜矿在 H_2SO_4-H_2O_2 溶液中氧化浸出达到终点的时间较短，Cu、Fe 的浸出率较低。同样，在一定范围内提高氧化剂 H_2O_2 浓度可以明显改善黄铜矿在 H_2SO_4-H_2O_2 溶液中氧化浸出的效果。因为随着 H_2O_2 浓度的增加，H_2SO_4-H_2O_2 溶液的氧化还原电位也随之增加，所以提高 H_2O_2 浓度有利于黄铜矿在 H_2SO_4-H_2O_2 溶液中的氧化浸出。但当 H_2O_2 浓度超过 20% 时，H_2O_2 的分解速度大大加快，反而将不利于黄铜矿的氧化浸出。

2.4 黄铜矿常压浸出电化学

2.4.1 H_2SO_4 浸出体系

图 2-14 所示为黄铜矿块状电极在 H_2SO_4 溶液中进行开路电位测试时，开路电位随时间变化的曲线。开路电位在反应开始的 10min 内迅速上升，电极电位增加了 120mV，然后维持一个相对稳定的电位（电位变化范围小于 2mV/min）。这

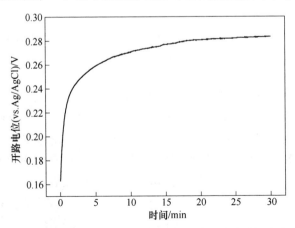

图 2-14 黄铜矿块状电极在硫酸溶液中开路电位随时间变化曲线

（25℃，0.25mol/L H_2SO_4）

可能是由于黄铜矿在反应过程中表面伴随着钝化膜的生长，钝化膜的形成阻碍了黄铜矿与溶液之间的反应，导致了黄铜矿的开路电位最终到达一个稳定值。将黄铜矿块状电极浸没在 0.25mol/L H_2SO_4 溶液中，当电极电位到达稳定时，开路电位值为（280±10）mV。

图 2-15 对比了不同扫描速度下黄铜矿在 H_2SO_4 溶液中的线性极化曲线。可以看出，具有不同扫描速度的三条极化曲线的开路电位和阴极反应的 Tafel 斜率几乎相同。因此可以认为，在开始不同扫描速度的线性极化测试之前，本组实验中的黄铜矿块状电极均具有相似的表面性质。同时，具有不同扫描速度的三条极化曲线的阳极极化区域可以明显分为四个不同的电势区域，且极化电流密度随着扫描速度的减小而减小。在较低的阳极电位下，由于有钝化膜的形成，因此扫描速度越慢，则黄铜矿反应时间越长，表面形成的钝化膜越完整，黄铜矿的溶解反应越难进行，最后导致极化电流密度减小。

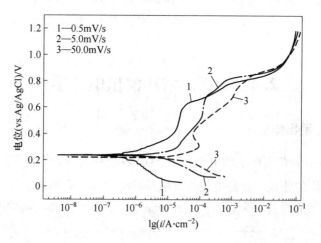

图 2-15　不同扫描速度下黄铜矿在硫酸溶液中的极化曲线

（25℃，0.25mol/L H_2SO_4）

根据实验结果，黄铜矿块状电极的极化曲线可以分为以下四个电势区：当电位范围为开路电位（OCP）至 0.6V 时，黄铜矿表面形成第一层钝化膜；随着阳极电位上升至 0.6~0.8V 时，第二层钝化膜开始形成；继续提高阳极电位至更高的电势区域（0.8~0.95V）时，可以发现极化电流密度与扫描速度无关，因为在该电势范围内黄铜矿表面发生了电化学活性溶解，电极表面不再形成钝化膜阻碍反应；最后，当电极电位增加到 0.95~1.2V 时，扫描速度减小又导致了极化电流密度的减小，这说明了在该电势范围内黄铜矿表面又形成了一层新的钝化膜。本组实验所得的测试结果与文献所报道的结果相符。

2.4.1.1 第一电势区域的交流阻抗测试（EIS）

图 2-16 所示为 H_2SO_4 溶液中黄铜矿块状电极在第一电势区域（OCP~0.6V）范围内的阻抗谱图。在开路电位下，黄铜矿的 Nyquist 曲线的行为说明了在该电位下黄铜矿电极表面存在一层细薄的钝化膜[63]。这层细薄的钝化膜在黄铜矿块状电极制备过程或在开路电位达到稳定的过程中就已经自发形成。根据目前的研究，这层钝化膜的组成（$Cu_{1-x}Fe_{1-y}S_2$）可能是由以下化学反应形成的：

$$CuFeS_2 \longrightarrow Cu_{1-x}Fe_{1-y}S_2 + xCu^{2+} + yFe^{2+} + 2(x+y)e \quad (y \geqslant x, \ x+y \approx 1)$$

(2-21)

当阳极电势从 OCP 增加到 0.5V 时，黄铜矿电极的 Nyquist 曲线在高频出现了一个容抗弧，该容抗弧与黄铜矿化学反应的电荷转移过程相关。根据反应可以看出，随着电位的升高，黄铜矿化学反应的电荷转移过程的影响增加，钝化层（$Cu_{1-x}Fe_{1-y}S_2$）越来越厚。

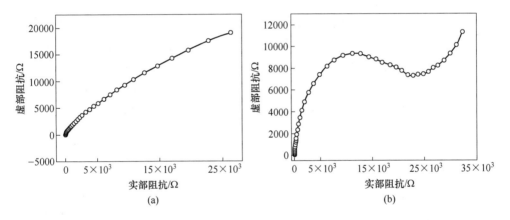

图 2-16 0.25mol/L H_2SO_4 溶液中黄铜矿电极在 OCP（a）和 0.5V（b）的电化学阻抗谱

图 2-17 所示为黄铜矿在 OCP 和 0.5V 电极电位下的 Bode 相位图，从图中可以看出，随着电极电位从 OCP 增加到 0.5V，最大相位角也随之由 76° 增加到 83°。而从 Bode 模值图可以看出，随着电极电位的增加，黄铜矿块状电极的总阻抗几乎保持不变。以上结果说明，在第一电势区域范围内（OCP~0.6V），钝化膜（$Cu_{1-x}Fe_{1-y}S_2$）可以稳定存在，并且随着电位的增加，该钝化膜越来越致密，最终导致了黄铜矿的进一步溶解被阻碍。

2.4.1.2 第二电势区域的 EIS

图 2-18 所示为 H_2SO_4 溶液中黄铜矿块状电极在第二电势区域范围内（0.6~

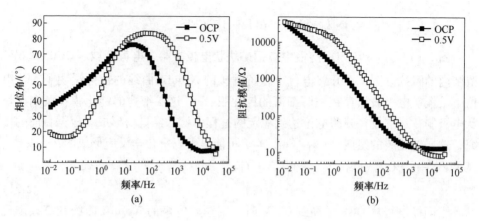

(a)   (b)

图 2-17 0.25mol/L H$_2$SO$_4$ 溶液中黄铜矿电极在 OCP 和 0.5V
的 Bode 相位图（a）和 Bode 模值图（b）

0.8V）的阻抗谱图。从图中可以看出，当阳极极化电位为 0.6V 时，通过 Nyquist 曲线可以明显检测到三个时间常数，分别是两个容抗弧和一个感抗弧。第一个位于高频（100000~1.58Hz）的容抗弧是由双电层的电容阻抗和黄铜矿电极在电化学溶解过程中的电荷传递电阻二者耦合产生的。而第二个位于中频（1.26~0.25Hz）的容抗弧是由钝化层（Cu$_{1-x}$Fe$_{1-y}$S$_2$）的伪电容阻抗和电阻共同形成的。最后在 Nyquist 曲线低频部分（0.20~0.01Hz）出现的感抗弧与先前形成的钝化层（Cu$_{1-x}$Fe$_{1-y}$S$_2$）发生过钝化的行为相关。

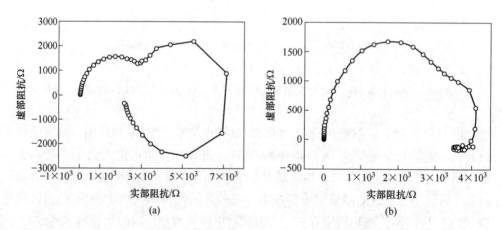

(a)   (b)

图 2-18 0.25mol/L H$_2$SO$_4$ 溶液中黄铜矿电极在 0.6V（a）和 0.7V（b）的电化学阻抗谱

当电极电位为 0.7V 时，通过 Nyquist 曲线可以得到五个时间常数，分别是三个容抗弧和两个感抗弧。分别对比电极电位为 0.6V 和 0.8V 时 Nyquist 图中的前三个弧，可以发现，在第二电势区域范围内（0.6~0.8V），随着电势的增加，黄铜矿电极在电化学溶解过程中的电荷传递电阻几乎不发生改变，但钝化层（$Cu_{1-x}Fe_{1-y}S_2$）却发生进一步的过钝化。而在极低的频率（0.16~0.12Hz）出现的第四个弧是一个容抗弧，该容抗弧的出现与黄铜矿电极表面形成的一层新的钝化层相关。在频率为0.02~0.01Hz出现的第五个弧是一个感抗弧，该感抗弧的形成可能是由于黄铜矿电极表面的Fe^{3+}放电引起的。由以上结果可知，在电极电位为0.7V时，黄铜矿表面有新的一层钝化膜（$Cu_{1-x-z}S_2$）形成。新的钝化层是由于$Cu_{1-x}Fe_{1-y}S_2$层发生过钝化而产生的，过钝化过程的化学反应如下：

$$Cu_{1-x}Fe_{1-y}S_2 \longrightarrow Cu_{1-x-z}S_2 + zCu^{2+} + (1-y)Fe^{2+} + 2(z+1-y)e$$

$$(2-22)$$

图 2-19 所示为黄铜矿电极在0.6V和0.7V电极电位下的Bode相位图。从图中可以看出，随着电极电位从0.6V增加到0.7V，最大相位角维持在80°左右，和第一电势区域（OCP~0.6V）范围内黄铜矿电极的最大相位角基本相同。该结果说明了当电极电位由OCP升高到0.8V时，黄铜矿电极的电荷传递过程几乎保持不变。而从Bode模值图可以看出，随着电极电位由OCP增加到0.6V，黄铜矿电极在低频的总阻抗降低了一个数量级以上。研究表明，钝化层（$Cu_{1-x}Fe_{1-y}S_2$）发生过钝化是造成总阻抗降低的主要原因。当电极电位由0.6V增加到0.7V时，黄铜矿电极在低频的总阻抗又有所升高，该总阻抗的升高可能与黄铜矿表面形成的新的钝化层（$Cu_{1-x-z}S_2$）有关。

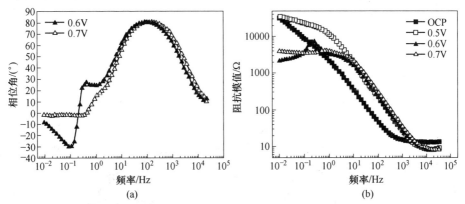

图 2-19　0.25mol/L H_2SO_4 溶液中黄铜矿电极在0.6V和0.7V的

Bode相位图（a）和Bode模值图（b）

2.4.1.3 第三电势区域的 EIS

图 2-20 所示为 H_2SO_4 溶液中黄铜矿电极在第三电势区域范围内（0.8~0.95V）的阻抗谱图。从图中可以看出，当阳极极化电位为0.8V时，通过

Nyquist 曲线可以明显检测到两个完整的时间常数，分别是一个容抗弧和一个感抗弧。第一个弧是位于高频（100000~7.94Hz）的容抗弧，该容抗弧是由急剧减小的双电层的电容阻抗和黄铜矿电极在电化学溶解过程中的电荷传递电阻二者耦合产生的。而第二个弧是位于低频（6.31~0.01Hz）的感抗弧，该感抗弧是由黄铜矿电极发生活性溶解产生的。低频下的感抗弧是半导体电极发生阳极溶解的典型特征。

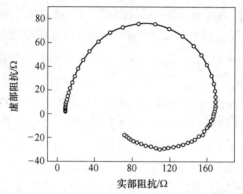

图 2-20　0.25mol/L H$_2$SO$_4$ 溶液中黄铜矿电极在 0.8V 的电化学阻抗谱

图 2-21 所示为黄铜矿块状电极在 0.8V 电极电位下的 Bode 相位图。从图中可以看出，当电极电位增加到 0.8V 时，最大相位角由 80° 减小到 60°。而从 Bode 模值图可以看出，随着电极电位由第二电势区域（0.6~0.8V）增加到第三电势区域（0.8~0.95V）时，黄铜矿电极在低频的总阻抗值降低超过一个数量级。以上结果说明，当电极电位上升至第三电势区域（0.8~0.95V）范围内时，黄铜矿电极表面发生电化学溶解，Cu$_{1-x}$Fe$_{1-y}$S$_2$ 钝化层和 Cu$_{1-x-z}$S$_2$ 钝化层在该电势范围内均不能稳定存在。黄铜矿发生电化学活性溶解的化学反应如下：

$$CuFeS_2 + 8H_2O \longrightarrow Cu^{2+} + Fe^{3+} + 2SO_4^{2-} + 16H^+ + 17e \qquad (2-23)$$

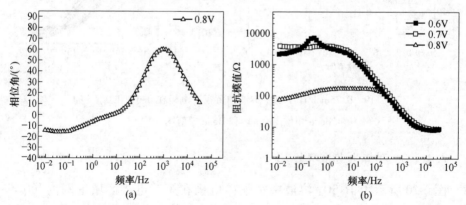

图 2-21　0.25mol/L H$_2$SO$_4$ 溶液中黄铜矿电极在 0.8V 下的 Bode 相位图（a）和 Bode 模值图（b）

2.4.1.4 第四电势区域的 EIS

根据 A. Ghahremaninezhad 等人[66]的研究，当电极电位上升到第四电势区域范围内（0.95~1.2V）时，黄铜矿电极表面又形成一层钝化层。当电极电位为 0.95V 时，黄铜矿电极表面生成 CuS。当电极电位为 1.2V 时，黄铜矿电极表面形成铁矾。

综上可以看出，钝化层（$Cu_{1-x}Fe_{1-y}S_2$）在制作黄铜矿电极的过程中就已经形成了。在第一电势区域范围内（OCP~0.6V），钝化膜（$Cu_{1-x}Fe_{1-y}S_2$）稳定存在，并且随着电位的增加，该钝化膜厚度不断增加。在第二电势区域范围内（0.6~0.8V），随着电势的增加，钝化层（$Cu_{1-x}Fe_{1-y}S_2$）发生过钝化，产生一层新的钝化膜（$Cu_{1-x-z}S_2$）。在该电势区域范围内，钝化层（$Cu_{1-x}Fe_{1-y}S_2$）和钝化膜（$Cu_{1-x-z}S_2$）均能稳定存在。在第三电势区域范围内（0.8~0.95V），钝化层（$Cu_{1-x}Fe_{1-y}S_2$）和钝化膜（$Cu_{1-x-z}S_2$）均溶解消失，黄铜矿发生电化学活性溶解。在第四电势区域范围内（0.95~1.2V），当电极电位为 0.95V 时，黄铜矿电极表面生成 CuS，CuS 对黄铜矿溶解反应的阻碍作用很小。当电极电位为 1.2V 时，黄铜矿电极表面开始生成铁矾，而致密完整的铁矾层又形成了新的钝化层阻碍了黄铜矿的溶解反应。

2.4.2 H_2SO_4-$Fe_2(SO_4)_3$ 溶液常温浸出电化学

图 2-22 所示为黄铜矿电极在 0.25mol/L H_2SO_4-0.20mol/L $Fe_2(SO_4)_3$ 溶液中进行开路电位测试时，开路电位随时间变化的曲线。由图可以看出，当往 0.25mol/L H_2SO_4 溶液中引入 $Fe_2(SO_4)_3$ 后，黄铜矿电极达到稳定后的开路电位由原来的（280±10）mV 上升到了（550±10）mV。Fe^{3+} 作为黄铜矿在 H_2SO_4-$Fe_2(SO_4)_3$ 溶液浸出的氧化剂，导致浸出溶液的氧化还原电位升高。

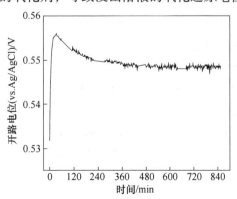

图 2-22　黄铜矿电极在 0.25mol/L H_2SO_4-0.2mol/L $Fe_2(SO_4)_3$ 溶液中开路电位随时间变化曲线

图 2-23 对比了不同扫描速度下黄铜矿在 H_2SO_4-$Fe_2(SO_4)_3$ 溶液中的线性极化曲线。可以看出，具有不同扫描速度的四条极化曲线的开路电位和阴极反应的 Tafel 斜率几乎相同，因此可以认为在开始不同扫描速度的线性极化测试之前，本组实验中的黄铜矿电极均具有相似的表面性质。根据黄铜矿块状电极在 H_2SO_4-$Fe_2(SO_4)_3$ 溶液中的极化曲线，可以将阳极极化区域分为四个不同的电势区域：第一电势区域为 OCP~0.6V，第二电势区域为 0.6~0.8V，第三电势区域为 0.8~0.95V，第四电势区域为 0.95~1.2V。

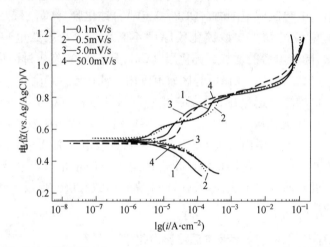

图 2-23 不同扫描速度下黄铜矿在 0.25mol/L H_2SO_4-0.2mol/L $Fe_2(SO_4)_3$ 溶液中的极化曲线

图 2-24 对比了 0.1mV/s 扫描速度下黄铜矿在 H_2SO_4 溶液和 H_2SO_4-$Fe_2(SO_4)_3$ 溶液中的线性极化曲线。可以看出，在 0.25mol/L H_2SO_4 溶液中添加 $Fe_2(SO_4)_3$ 后，黄铜矿电极的腐蚀电流密度由 0.1μA/cm^2 上升到了 6.0μA/cm^2。黄铜矿电极腐蚀电流密度的增加说明了黄铜矿反应速率的加快。虽然氧化剂 Fe^{3+} 的引入加快了黄铜矿在 H_2SO_4 溶液中的氧化浸出的反应速率，但是室温下氧化剂 Fe^{3+} 对黄铜矿在 H_2SO_4 溶液中浸出的电化学行为几乎没有影响。从图 2-24 可以看出，黄铜矿电极在 H_2SO_4-$Fe_2(SO_4)_3$ 溶液中的阳极线性极化曲线（OCP~1.2V）与黄铜矿在 H_2SO_4 溶液中的阳极线性极化曲线（0.55~1.2V）基本相似。

从图 2-25 和图 2-26 可以看出，黄铜矿电极在不同电位下表面钝化膜的形成、溶解与生长顺序等电化学行为。在第一电势区域范围内（OCP~0.6V），图 2-26（a）说明了钝化膜（$Cu_{1-x}Fe_{1-y}S_2$）的稳定存在。在第二电势区域范围内（0.6~0.8V），钝化层（$Cu_{1-x}Fe_{1-y}S_2$）和钝化膜（$Cu_{1-x-z}S_2$）均能稳定存在，二者都显示了钝化膜的特性。在第三电势区域范围内（0.8~0.95V），当电极电位超过

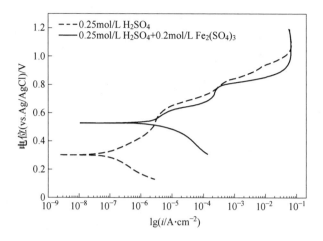

图 2-24　0.1mV/s 扫描速度下黄铜矿电极在 0.25mol/L H_2SO_4 和

0.25mol/L H_2SO_4-0.2mol/L $Fe_2(SO_4)_3$ 溶液中的极化曲线

0.8V 时，钝化层（$Cu_{1-x}Fe_{1-y}S_2$ 和 $Cu_{1-x-z}S_2$）均溶解消失，黄铜矿发生电化学活性溶解，并且随着电极电位的升高，黄铜矿溶解过程中的电荷传递电阻越来越小。在第四电势区域范围内（0.95~1.2V），当电极电位为 0.95V 时，黄铜矿电极表面生成 CuS，CuS 对黄铜矿溶解反应的阻碍作用很小。当电极电位为 1.1V 时，图 2-26（f）说明了黄铜矿电极表面开始生成铁矾，而致密完整的铁矾层又形成了新的钝化层阻碍了黄铜矿的溶解反应。

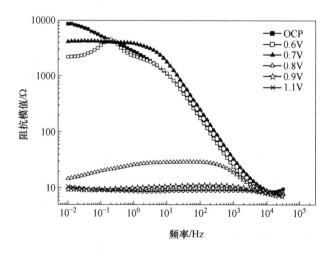

图 2-25　0.25mol/L H_2SO_4-0.2mol/L $Fe_2(SO_4)_3$ 溶液中

黄铜矿电极在 OCP~1.1V 电极电位下的 Bode 模值

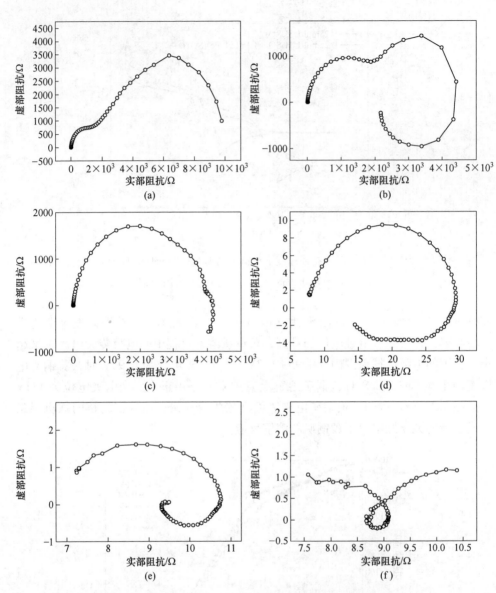

图 2-26 0.25mol/L H_2SO_4-0.2mol/L $Fe_2(SO_4)_3$ 溶液中黄铜矿

电极在 OCP~1.1V 电极电位下的电化学阻抗谱图

(a) OCP; (b) 0.6V; (c) 0.7V; (d) 0.8V; (e) 0.9V; (f) 1.1V

　　根据以上 EIS 分析结果可以看出，室温下黄铜矿电极在 H_2SO_4 溶液和 H_2SO_4- $Fe_2(SO_4)_3$ 溶液中具有几乎相同的表面性质和电化学行为。因此，室温下往 H_2SO_4 溶液中引入 Fe^{3+}，仅能通过提高溶液氧化还原电位来稍微加快黄铜矿在溶液中的氧化浸出的反应速率，并不能改变黄铜矿在 H_2SO_4 溶液氧化浸出的电化学机理。同时，实验结果也说明了室温下黄铜矿几乎不与 Fe^{3+} 发生反应。但是，事实上 H_2SO_4-$Fe_2(SO_4)_3$ 溶液作为黄铜矿最常用的氧化浸出体系，被广泛应用于黄铜矿的工业生产和半工业化试验中。室温下黄铜矿电极在 H_2SO_4-$Fe_2(SO_4)_3$ 溶液中几乎不与 Fe^{3+} 发生化学反应，可能是由于反应温度较低限制了黄铜矿在 H_2SO_4-$Fe_2(SO_4)_3$ 溶液中的氧化浸出反应。

图 2-27 所示为不同温度下黄铜矿在开路电位下的电化学阻抗谱图，由 Nyquist 曲线可以明显看出两个时间常数，第一个位于高频的容抗弧是由双电层的电容阻抗和黄铜矿电极电荷传递电阻二者耦合产生的；第二个位于低频的容抗弧是由钝化层（$Cu_{1-x}Fe_{1-y}S_2$）的伪电容阻抗和电阻共同形成的。当反应温度不断升高时，位于高频的容抗弧基本保持不变，而位于低频的容抗弧不断减小，该变化说明了钝化层（$Cu_{1-x}Fe_{1-y}S_2$）的影响随着反应温度的升高在不断减小。图 2-27 （b）和（c）分别显示了不同温度下黄铜矿在开路电位下的 Bode 相位图和 Bode 模值图。由图 2-27 （b）可以看出，黄铜矿电极在 H_2SO_4-$Fe_2(SO_4)_3$ 溶液中浸出

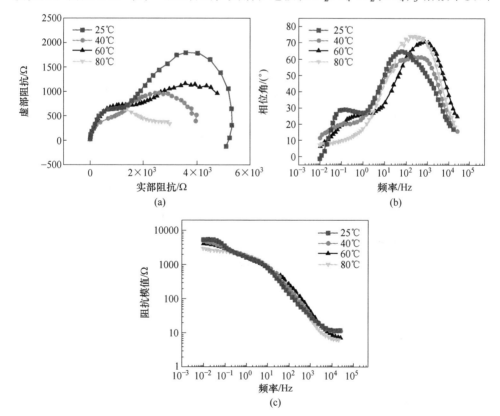

图 2-27　0. 25mol/L H_2SO_4-0. 2mol/L $Fe_2(SO_4)_3$ 溶液中黄铜矿电极在 OCP 下的电化学阻抗谱图

（a）Nyquits 图；（b）Bode 相位图；（c）Bode 模值图

时，随着浸出温度的不断升高，在高频的相位角几乎保持不变，而低频的相位角不断减小直至消失，该现象说明了在 H_2SO_4-$Fe_2(SO_4)_3$ 溶液中升高反应温度可以抑制黄铜矿表面钝化层（$Cu_{1-x}Fe_{1-y}S_2$）的产生，有利于黄铜矿的氧化浸出过程。同时，图 2-27（c）中黄铜矿在低频的模值随温度的升高而不断减小的现象也进一步验证了以上的结论。因此，反应温度对黄铜矿在 H_2SO_4-$Fe_2(SO_4)_3$ 溶液中氧化浸出具有重要的影响。当黄铜矿在 H_2SO_4-$Fe_2(SO_4)_3$ 溶液中氧化浸出时，随着反应温度的不断升高，黄铜矿在浸出过程的钝化现象逐渐减弱，黄铜矿表面钝化层（$Cu_{1-x}Fe_{1-y}S_2$）开始溶解消失，黄铜矿发生溶解，反应阻力主要来自于黄铜矿的化学反应过程。

综合以上实验结果可以看出，反应温度对黄铜矿在 H_2SO_4-$Fe_2(SO_4)_3$ 溶液中氧化浸出具有重要的影响，升高反应温度可以改变黄铜矿在 H_2SO_4-$Fe_2(SO_4)_3$ 溶液中的浸出机理。当黄铜矿在 H_2SO_4-$Fe_2(SO_4)_3$ 溶液中氧化浸出时，随着反应温度的不断升高，黄铜矿在浸出过程中的钝化现象逐渐减弱，黄铜矿表面钝化层（$Cu_{1-x}Fe_{1-y}S_2$）开始溶解消失，最后黄铜矿发生溶解，反应阻力主要来自于黄铜矿的化学反应过程。

2.4.3　H_2SO_4-H_2O_2 溶液浸出电化学

图 2-28 所示为黄铜矿块状电极在 0.25mol/L H_2SO_4-0.80mol/L H_2O_2 溶液中进行开路电位测试时，开路电位随时间变化的曲线。当在 0.25mol/L H_2SO_4 溶液中加入 H_2O_2 后，黄铜矿块状电极达到稳定后的开路电位由原来的（280±10）mV 上升到了（510±10）mV。H_2O_2 作为氧化剂导致浸出溶液的氧化还原电位升高。

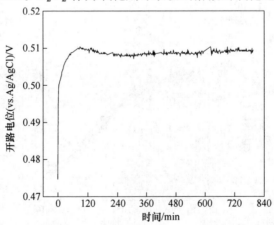

图 2-28　黄铜矿块状电极在 0.25mol/L H_2SO_4-0.8mol/L H_2O_2 溶液中开路电位随时间变化的曲线

图 2-29 对比了不同扫描速度下黄铜矿在 H_2SO_4-H_2O_2 溶液中的线性极化曲线。可以看出，具有不同扫描速度的四条极化曲线的开路电位和阴极反应的

Tafel 斜率几乎相同，因此可以认为在开始不同扫描速度的线性极化测试之前，本组实验中的黄铜矿块状电极均具有相似的表面性质。黄铜矿块状电极的极化曲线可以明显分为以下四个电势区：当电位范围为 OCP～0.8V 时，黄铜矿表面出现钝化行为；随着阳极电位上升至 0.8～0.9V 时，极化电流密度与扫描速度无关，黄铜矿电极表面发生电化学活性溶解；当电位范围为 0.9～1.0V 时，电流密度随着扫描速度的减小而迅速减小，说明在该电势范围内黄铜矿电极表面有新的钝化膜形成；随着电位上升至 1.0～1.2V 时，新钝化膜发生过钝化。

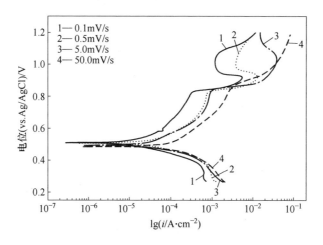

图 2-29　不同扫描速度下黄铜矿块状电极在 0.25mol/L H_2SO_4-0.8mol/L H_2O_2 溶液中的极化曲线

图 2-30 对比了 0.1mV/s 扫描速度下黄铜矿在 H_2SO_4 溶液和 H_2SO_4-H_2O_2 溶液中的线性极化曲线。在 0.25mol/L H_2SO_4 溶液中添加 H_2O_2 后，黄铜矿电极的腐蚀电流密度由原来的 $0.1\mu A/cm^2$ 上升到了 $20.0\mu A/cm^2$。黄铜矿电极腐蚀电流密度的增加表明黄铜矿反应速率的加快。另外，对比黄铜矿电极在 H_2SO_4-H_2O_2 溶液中的阳极线性极化曲线（OCP～1.20V）与黄铜矿在 H_2SO_4 溶液中的阳极线性极化曲线（0.51～1.20V）可以看出，室温下在 H_2SO_4 溶液中引入 H_2O_2，不仅大大加快黄铜矿在溶液中氧化浸出的反应速率，也明显改变黄铜矿浸出的电化学机理。

根据黄铜矿块状电极在 H_2SO_4-H_2O_2 溶液中的极化曲线，可以将阳极极化区域分为四个不同的电势区域：第一电势区域为 OCP～0.8V；第二电势区域为 0.8～0.9V；第三电势区域为 0.9～1.0V；第四电势区域为 1.0～1.2V。

2.4.3.1　第一电势区域的 EIS

在第一电势区域（OCP～0.8V）范围内，黄铜矿块状电极在 H_2SO_4-H_2O_2 溶

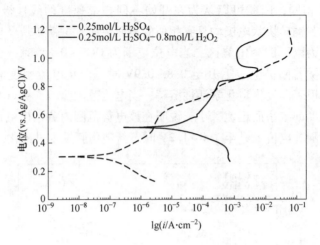

图 2-30   0.1mV/s 扫描速度下黄铜矿电极在 0.25mol/L H_2SO_4 和

0.25mol/L H_2SO_4-0.8mol/L H_2O_2 溶液中的极化曲线

液中的阻抗谱图如图 2-31 所示。在 OCP 电位下，通过图 2-31（a）的 Nyquist 曲线可以明显看出三个时间常数，第一个位于高频（100000～0.40Hz）的容抗弧是由双电层的电容阻抗和黄铜矿电极电荷传递电阻二者耦合产生的；而第二个位于 0.32～0.10Hz 的容抗弧是由钝化层（$Cu_{1-x}Fe_{1-y}S_2$）的伪电容阻抗和电阻共同形成的；最后在 Nyquist 曲线低频部分（0.08～0.01Hz）出现的感抗弧与钝化层（$Cu_{1-x}Fe_{1-y}S_2$）发生过钝化后生成的新的钝化层（$Cu_{1-x-z}S_2$）相关。由图 2-31（a）可以看出钝化层（$Cu_{1-x}Fe_{1-y}S_2$ 和 $Cu_{1-x-z}S_2$）在 OCP 电位下均不稳定，在 H_2SO_4-H_2O_2 溶液中会快速分解。黄铜矿在开路电位下于 H_2SO_4-H_2O_2 溶液中氧化浸出的反应阻力来自于黄铜矿的化学反应。当电极电位升高至 0.55V 时，由图 2-31（b）仅能看到一个容抗弧，说明了此时黄铜矿电极表面不存在任何钝化层。继续增加电极电位至 0.7V 时，通过图 2-31（c）的 Nyquist 曲线可以明显看出两个时间常数，第一个位于高频（100000～10Hz）的容抗弧是由双电层的电容阻抗和黄铜矿电极电荷传递电阻二者耦合产生的，而第二个位于 6.31～0.01Hz 的感抗弧是半导体黄铜矿电极发生阳极溶解的典型特征。

2.4.3.2   第二电势区域的 EIS

在第二电势区域（0.8～0.9V）范围内，黄铜矿块状电极在 H_2SO_4-H_2O_2 溶液中的阻抗谱图如图 2-32 所示。当电极电位为 0.85V 时，从 Nyquist 曲线可以明显看出两个时间常数，一个位于高频（100000～25Hz）的容抗弧和一个位于低频（20～0.01Hz）的感抗弧，说明黄铜矿电极发生阳极溶解。由图 2-33 可以看出，

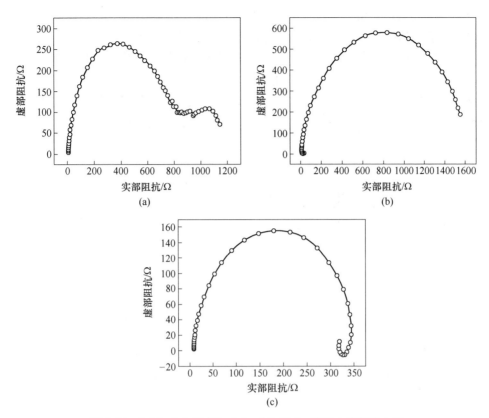

图 2-31 0.25mol/L H$_2$SO$_4$-0.8mol/L H$_2$O$_2$ 溶液中黄铜矿电极

在 OCP (a)、0.55V (b) 和 0.7V (c) 电位下的电化学阻抗谱图

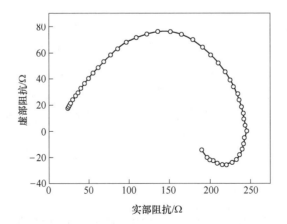

图 2-32 0.25mol/L H$_2$SO$_4$-0.8mol/L H$_2$O$_2$ 溶液中黄铜矿电极

在 0.85V 电位下的电化学阻抗谱图

随着黄铜矿电极电位由第一电势区域（OCP~0.8V）升高至第二电势区域（0.8~0.9V）时，黄铜矿电极的最大相位角和低频的总阻抗均迅速下降。该实验结果说明了当电极电位为0.8~0.9V时，黄铜矿电极表面发生电化学活性溶解。在该电势范围内，因为黄铜矿电极经过电化学活化，所以黄铜矿在反应过程中双电层的电容阻抗和电荷传递电阻均明显减小。因此，黄铜矿氧化浸出的反应速率大大加快。

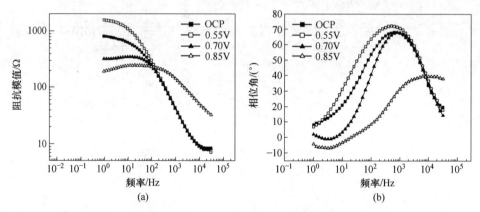

图 2-33　0.25mol/L H_2SO_4-0.8mol/L H_2O_2 溶液中黄铜矿电极
在 OCP~0.85V 的 Bode 模值图（a）和 Bode 相位图（b）

2.4.3.3　第三电势区域的 EIS

在第三电势区域（0.9~1.0V）范围内，根据极化曲线可以看出，黄铜矿电极在该电势范围发生了明显的钝化行为，极化电流密度随着电势的升高而急剧减小。而图 2-34 中（a）和（b）分别对比了黄铜矿电极在第二电势区域（0.8~0.9V）和第三电势区域（0.9~1.0V）的 Nyquist 图和 Bode 模值图。随着电极电位的升高，黄铜矿电极的容抗弧的电容阻抗和低频的总阻抗均随之增加。这是因为当电极电位由第二电势区域上升至第三电势区域时，黄铜矿电极表面有新的钝化膜生成。根据目前学者的研究结果，在第三电势区域范围生成的新钝化膜化学组成可能是单质硫。单质硫通过以下化学反应形成：

$$CuFeS_2 + 5H_2O_2 + 10H^+ \longrightarrow 2Cu^{2+} + 2Fe^{3+} + 2S^0 + 10H_2O \qquad (2-24)$$

2.4.3.4　第四电势区域的 EIS

在第四电势区域（1.0~1.2V）范围内，图 2-35 显示了两个弧，第一个位于高频的容抗弧是由双电层的电容阻抗和不断减小的电荷传递电阻耦合产生的；另一个位于低频的感抗弧，是黄铜矿电极发生阳极溶解产生的。由图 2-35 可以看

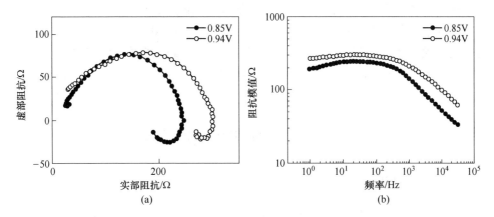

图 2-34 0.25mol/L H_2SO_4-0.8mol/L H_2O_2 溶液中黄铜矿电极在 0.85V 和 0.94V 电极

电位下的 Nyquist 图 （a） 和 Bode 模值图 （b）

出，在该电势范围内，新钝化层（单质硫）分解消失，黄铜矿表面发生电化学
活性溶解，化学反应过程如下：

$$2S^0 + 3O_2 + 2H_2O \longrightarrow 2SO_4^{2-} + 4H^+ \tag{2-25}$$

$$2CuFeS_2 + 17H_2O_2 + 2H^+ \longrightarrow 2Cu^{2+} + 2Fe^{3+} + 2SO_4^{2-} + 18H_2O \tag{2-26}$$

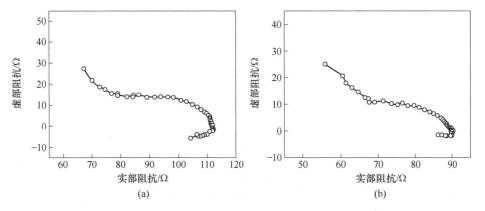

图 2-35 0.25mol/L H_2SO_4-0.8mol/L H_2O_2 溶液中黄铜矿电极

在 1.05V （a） 和 1.15V （b） 电极电位下的阻抗谱图

综上所述，黄铜矿块状电极在 H_2SO_4-H_2O_2 溶液中发生电化学溶解时的表面
行为表明：在第一电势区域范围内（OCP ~ 0.8V），钝化层 $Cu_{1-x}Fe_{1-y}S_2$ 和
$Cu_{1-x-z}S_2$ 在 OCP 电位下均不稳定，在 H_2SO_4-H_2O_2 溶液中会快速分解，黄铜矿
在 H_2SO_4-H_2O_2 溶液中氧化浸出的反应阻力来自于黄铜矿的化学反应；在第二电
势区域范围内（0.8~0.9V），因为黄铜矿电极经过电化学活化，所以黄铜矿在反

应过程中双电层的电容阻抗和电荷传递电阻均明显减小，因此，黄铜矿氧化浸出的反应速率大大加快；在第三电势区域范围内（0.9~1.0V），黄铜矿电极表面有新的钝化膜生成，新钝化膜化学组成可能是单质硫；在第四电势区域范围内（1.0~1.2V），新钝化层（单质硫）分解消失，黄铜矿表面又发生电化学活性溶解。

2.5　黄铜矿加压浸出动力学

2.5.1　氧分压的影响

首先探索研究了不通氧气条件下黄铜矿加压浸出行为。每次取 10g 黄铜矿，浸出液总体积 300mL，浸出温度 180℃，搅拌速度 600r/min，矿样粒度小于 32μm，硫酸的酸度分别为 0g/L（即浸出剂为水）、5g/L、20g/L，在上述实验条件下进行加压浸出 180min。表 2-23 ~ 表 2-25 分别为水浸不通氧，5g/L H$_2$SO$_4$ 酸浸不通氧和 20g/L H$_2$SO$_4$ 酸浸不通氧条件下的有关实验数据，Fe 的浸出率随酸度的变化如图 2-36 所示。

表 2-23　黄铜矿不通氧水浸结果

编号	时间/min	体积/mL	pH 值	Cu 浓度/mg·L^{-1}	Cu 浸出率/%	Fe 浓度/mg·L^{-1}	Fe 浸出率/%
1	0	19.7	2.74	0	0	12.52	0.12
2	30	19.5	2.59	0	0	12.37	0.12
3	60	20	2.55	0	0	13.498	0.13
4	120	19.9	2.53	0	0	13.451	0.12
5	180	19.9	2.61	0	0	13.397	0.12

表 2-24　黄铜矿不通氧酸浸结果（5g/L H$_2$SO$_4$）

编号	时间/min	体积/mL	pH 值	Cu 浓度/mg·L^{-1}	Cu 浸出率/%	Fe 浓度/mg·L^{-1}	Fe 浸出率/%
1	0	19	1.79	0.149	0	1390	12.97
2	30	19.4	1.68	0.152	0	1912.5	17.53
3	60	19.5	1.77	0.141	0	2030	18.49
4	120	19.6	1.84	0.110	0	1862	17.22
5	180	21.5	1.88	0.208	0	2435	18.31

表 2-25　黄铜矿不通氧酸浸浸出结果（20g/L H_2SO_4）

编号	时间/min	体积/mL	pH 值	Cu 浓度/mg·L^{-1}	Cu 浸出率/%	Fe 浓度/mg·L^{-1}	Fe 浸出率/%
1	0	10.6	1.16	0.197	0	1580	14.74
2	30	12.2	1.21	0.241	0	1860	17.26
3	60	11.7	1.23	0.232	0	3010	27.17
4	120	12.0	1.03	0.254	0	4310	37.90
5	180	12.0	1.12	0.271	0	4900	42.55

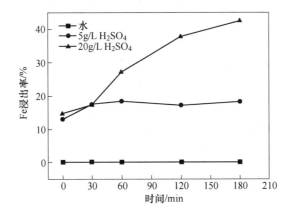

图 2-36　酸浸不通氧对铁浸出率的影响

可以看出，在高温条件下无论是水浸还是酸浸，在不通氧的情况下黄铜矿中铜的浸出率都几乎为零，说明黄铜矿加压浸出过程中氧起着重要作用。在水浸不通氧的情况下，铁的浸出率基本为零，但是在酸浸不通氧的情况下，铁的浸出率却有显著的提高。这是由于在无氧条件下，黄铜矿中的硫可以生成 H_2S，反应机理如下：

$$CuFeS_2 + 2H^+ \Longrightarrow CuS + Fe^{2+} + H_2S \qquad (2-27)$$

在实验结束卸釜时，能闻到带有强烈刺鼻的臭鸡蛋气味的硫化氢气体也证明了这一反应的可能性。在酸度较低的情况下，铁的浸出率 30min 左右就达到稳定，随着酸度的提高，铁的浸出率有明显的提升。

进一步研究了氧分压对黄铜矿浸出的影响。由于黄铜矿氧化浸出是在高温高压的条件下进行，因此需要考虑水的饱和蒸气压与溶解氧的问题。表 2-26 为不同温度下的高压釜内总压与氧分压的关系，在不同温度下，水的饱和蒸气压不同，从而导致不同温度下、不同氧分压下高压釜内的总压也不同。

表 2-26 高压釜内总压与氧分压的关系

项　　目	150℃		180℃	
氧分压/kPa	400.00	700.00	400.00	700.00
水的饱和蒸气压/kPa	475.72	475.72	1001.90	1001.90
釜内总压/kPa	875.72	1175.72	1401.90	1701.90

　　研究了黄铜矿在150℃和180℃两个温度下氧分压对黄铜矿浸出的影响，酸度5g/L H_2SO_4，搅拌速度600r/min，矿样粒度小于32μm，氧分压分别为400kPa、700kPa，加压浸出180min。150℃下氧分压对铜和铁浸出率的影响如图2-37所示，浸出液中主要离子浓度见表2-27。随着氧分压的增加，铜的浸出率有显著提高。在相同的浸出条件下，氧分压从400kPa增加到700kPa，铜的浸出率可以提高10%左右。这主要是因为增加氧分压，相当于提高气、液两相表面的压力差，加快了氧气从气相进入浸出液的速度，从而加快了铜的浸出速率；另外，由亨利定律可知，提高氧分压，可相应增大浸出液中氧的溶解度，从而有效增加了黄铜矿颗粒与氧分子的接触几率，加快了黄铜矿氧化反应速度，提高了铜的浸出率。随着氧分压的增加，浸出液中Fe^{2+}的浓度有所降低。这主要是由于溶解氧增加，加快了Fe^{2+}氧化成Fe^{3+}的速率。游离酸的浓度有所增加，是由于有更多的硫酸铁发生水解反应，铁的浸出率降低，更有利于后续回收浸出液中的有价元素铜。

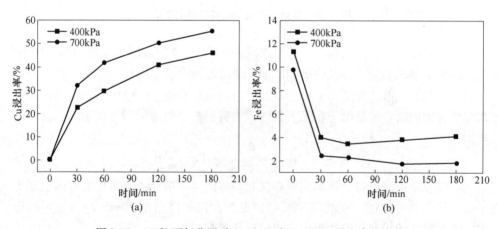

图 2-37　150℃下氧分压对 Cu（a）和 Fe（b）浸出率的影响

　　由图2-38（a）可知，在180℃时，氧分压由400kPa增加到700kPa，铜的浸出率变化并不大，即在此范围内氧气对黄铜矿中铜的浸出影响不明显，这与150℃下氧分压对黄铜矿中铜的浸出影响不同。主要原因可能是氧气的溶解度不

表 2-27　150℃下浸出液中主要离子浓度

编号	400kPa			700kPa		
	$c_{Fe^{2+}}$ /mg·L^{-1}	$c_{Fe^{3+}}$ /mg·L^{-1}	游离酸 /g·L^{-1}	$c_{Fe^{2+}}$ /mg·L^{-1}	$c_{Fe^{3+}}$ /mg·L^{-1}	游离酸 /g·L^{-1}
1	1199.98	20.52	0.66	967.77	82.23	0
2	307.14	35.61	1.96	168.06	43.94	3.68
3	191.24	89.76	2.43	139.08	61.92	4.95
4	295.55	35.15	3.52	92.72	30.28	5.25
5	349.99	42.61	4.86	121.70	20.30	5.69

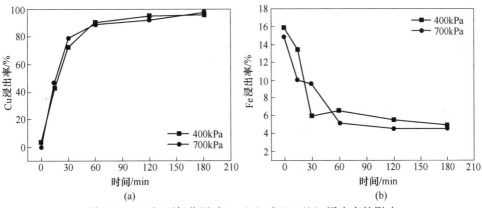

图 2-38　180℃下氧分压对 Cu（a）和 Fe（b）浸出率的影响

仅与压力有关，还与温度有关，随着温度的升高，氧气的溶解度反而降低。当温度从 150℃升高到 180℃，即使氧分压从 400kPa 增加到 700kPa，参加反应的氧可能并没有增加，因此对铜的浸出影响不大。由表 2-28 可知，氧分压无论是 400kPa 还是 700kPa，浸出开始阶段浸出液中铁依然以 Fe^{2+} 为主，但是随着反应的进行，由于 Fe^{2+} 发生氧化反应，Fe^{3+} 发生水解反应，其浓度都有下降的趋势，但是浸出液中的铁不再以 Fe^{2+} 为主，而是 Fe^{2+} 和 Fe^{3+} 的浓度比趋于 1:1。由游离酸的滴定结果可以看出，浸出前溶液中酸度较低，而 Fe^{3+} 在低酸条件下更易发生水解反应。随着浸出反应的进行，生成游离酸的浓度越来越高，在浸出 180min 时，游离酸的浓度高达 17g/L 左右，在此酸度下显著抑制了 Fe^{3+} 的水解。而在 150℃时，随着浸出时间增加，游离酸浓度较低，浸出液中铁都是以 Fe^{2+} 为主，表明游离酸浓度和 Fe^{2+} 的浓度受浸出温度影响较大。由图 2-38（b）可以看出，随着浸出反应时间的增加，铁的浸出率先逐渐下降，然后稳定在 6% 以下，整体来看，不同氧分压对黄铜矿中铁的浸出影响趋势相似。

表 2-28　180℃下不同氧分压下的滴定实验数据

编号	400kPa			700kPa		
	$c_{Fe^{2+}}$ /mg·L⁻¹	$c_{Fe^{3+}}$ /mg·L⁻¹	游离酸 /g·L⁻¹	$c_{Fe^{2+}}$ /mg·L⁻¹	$c_{Fe^{3+}}$ /mg·L⁻¹	游离酸 /g·L⁻¹
1	1298.08	401.42	2.50	1332.85	254.65	0
2	1043.1	377.15	6.67	637.45	393.55	4.17
3	324.52	135.48	8.48	527.35	452.15	8.97
4	365.09	186.71	10.35	179.65	180.35	10.79
5	226.01	153.44	15.64	133.29	131.91	15.74
6	104.31	197.39	16.82	156.47	138.03	17.11

2.5.2　矿石粒度的影响

开展了矿石粒度对浸出影响的试验研究：取 10g 黄铜矿，浸出液总体积 300mL，酸度 5g/L，浸出温度 150℃，氧分压 400kPa，搅拌速度 600r/min。矿样粒度分别为 37~45μm、32~37μm、<32μm，浸出时间为 180min。矿样粒度对铜和铁的浸出率的影响如图 2-39 所示，浸出液分析结果见表 2-29。随着矿样粒度的减小，黄铜矿中铜的浸出率显著提高。这是由于矿样粒度变小，有效反应面积增加，相当于单位体积内将黄铜矿进一步分散，黄铜矿颗粒与浸出液中的硫酸及溶解氧接触的几率增加，从而提高了黄铜矿中铜的浸出率。浸出液中的铁主要以 Fe^{2+} 形式存在，且随着氧气的通入和反应时间的增加，铁的浸出率分别由 6.50%、8.52%、11.3% 下降到 4% 以下，并在 30min 以后基本达到稳定。这也是由于反应生成的硫酸铁发生了水解沉淀。

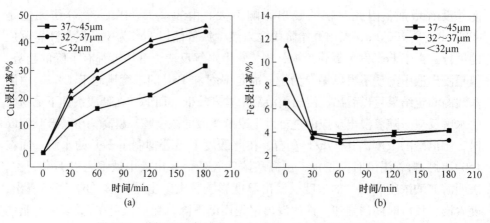

图 2-39　黄铜矿粒度对 Cu（a）和 Fe（b）浸出率的影响

表 2-29 不同粒度下的浸出液分析结果

编号	37~45μm			32~37μm			<32μm		
	$c_{Fe^{2+}}$ /mg·L^{-1}	$c_{Fe^{3+}}$ /mg·L^{-1}	游离酸 /g·L^{-1}	$c_{Fe^{2+}}$ /mg·L^{-1}	$c_{Fe^{3+}}$ /mg·L^{-1}	游离酸 /g·L^{-1}	$c_{Fe^{2+}}$ /mg·L^{-1}	$c_{Fe^{3+}}$ /mg·L^{-1}	游离酸 /g·L^{-1}
1	612.30	84.70	0	793.92	119.08	0	1199.9	20.52	0.66
2	307.14	86.76	0.45	289.75	42.25	2.06	307.14	35.61	1.96
3	289.75	79.35	0.96	208.62	66.38	2.75	191.24	89.76	2.43
4	359.29	68.41	3.38	220.21	66.79	4.17	295.55	35.15	3.52
5	382.47	58.33	3.65	249.19	64.81	4.71	349.99	42.61	4.86

2.5.3 硫酸浓度的影响

在加压浸出过程中，H_2SO_4 作为最常用的浸出剂，其用量直接影响黄铜矿铜和铁的浸出率。在 150℃条件下，硫酸浓度分别为 0g/L（无酸）、5g/L、20g/L，加压浸出 180min，铜、铁浸出率及游离酸浓度随硫酸浓度变化如图 2-40 和表 2-30 所示。随着硫酸浓度由 5g/L 增加到 20g/L，铜的浸出率在反应开始阶段

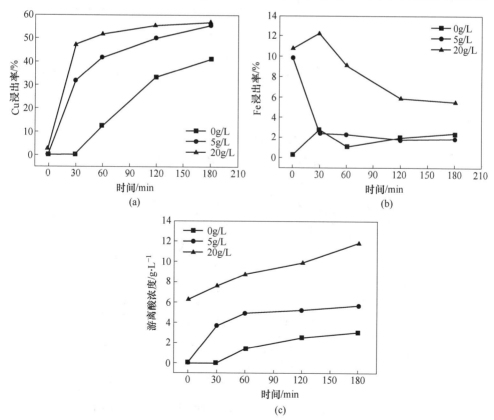

图 2-40 150℃硫酸浓度对 Cu（a）、Fe（b）浸出率及游离酸浓度（c）的影响

增幅较大，但随着浸出时间的增加，增幅变小；在浸出 180min 时，铜的浸出率分别为 55.50%、56.82%，基本不再增加。在直接用水浸时，铜的浸出率远远小于硫酸浸出。相应地，硫酸浓度为 5g/L 时，铁浸出率也低于硫酸浓度为 20g/L 条件下的铁浸出率。同时，随着初始硫酸浓度的增加，游离酸的浓度也相应增加。

表 2-30 150℃不同酸度条件下的浸出液分析结果

编号	无酸			5g/L			20g/L		
	$c_{Fe^{2+}}$ /mg·L^{-1}	$c_{Fe^{3+}}$ /mg·L^{-1}	游离酸 /g·L^{-1}	$c_{Fe^{2+}}$ /mg·L^{-1}	$c_{Fe^{3+}}$ /mg·L^{-1}	游离酸 /g·L^{-1}	$c_{Fe^{2+}}$ /mg·L^{-1}	$c_{Fe^{3+}}$ /mg·L^{-1}	游离酸 /g·L^{-1}
1	17.39	5.27	0	967.77	82.23	0	846.07	308.43	6.28
2	254.98	59.82	0	168.06	43.94	3.68	892.42	441.33	7.60
3	104.31	0.69	1.43	139.08	61.92	4.95	538.94	399.56	8.78
4	179.65	52.45	2.54	92.72	30.28	5.25	318.73	166.07	9.91
5	173.85	117.35	3.03	121.70	20.3	5.69	266.57	168.63	11.87

180℃下硫酸浓度对铜和铁浸出率及游离酸浓度的影响如图 2-41 所示，相应的浸出液分析结果见表 2-31。硫酸浓度从 5g/L 增加到 20g/L，浸出前半个小时对铜的浸出率影响不大，但随着浸出时间的增加，铜的浸出率反而略有下降。水浸初始时，由于处于无氧状态，浸出率几乎为零；在 15min 时，铜的浸出率依然为零，铁的浸出率增加到 3.79g/L，游离酸的浓度为 0.88g/L，可能是由于黄铜矿中的少量黄铁矿被氧化浸出，而铁在低酸条件下又发生了水解反应，从而导致酸度的增加，生成的硫酸又与黄铜矿迅速发生反应。

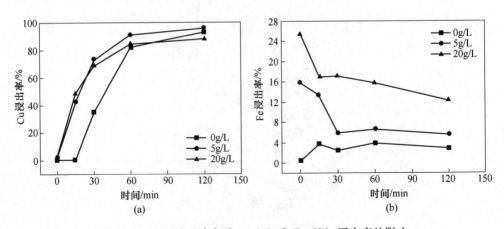

图 2-41 180℃硫酸浓度对 Cu（a）和 Fe（b）浸出率的影响

表 2-31　180℃不同酸度下的滴定实验数据

编号	无酸			5g/L			20g/L		
	$c_{Fe^{2+}}$ /mg·L^{-1}	$c_{Fe^{3+}}$ /mg·L^{-1}	游离酸 /g·L^{-1}	$c_{Fe^{2+}}$ /mg·L^{-1}	$c_{Fe^{3+}}$ /mg·L^{-1}	游离酸 /g·L^{-1}	$c_{Fe^{2+}}$ /mg·L^{-1}	$c_{Fe^{3+}}$ /mg·L^{-1}	游离酸 /g·L^{-1}
1	23.18	22.26	0	1298.08	401.42	2.50	2144.1	587.35	6.72
2	417.24	17.86	0.88	1043.1	377.15	6.67	1448.7	300.50	7.60
3	208.62	51.28	4.71	324.52	135.48	8.48	1392.2	365.81	15.67
4	428.83	30.92	9.56	365.09	186.71	10.35	1060.4	502.26	19.27
5	185.44	140.26	14.32	226.01	153.44	15.64	591.1	435.66	23.29

2.5.4　温度的影响

在加压氧化浸出过程中，温度起着至关重要的作用。研究了氧分压为 700kPa、矿样粒度小于 32μm、硫酸浓度为 5g/L、加压浸出 180min、浸出温度分别为 150℃ 和 180℃ 对黄铜矿浸出的影响，结果如图 2-42 所示。随着浸出温度从 150℃ 增加到 180℃，铜的最终浸出率由 55.50% 增加到 97.55%。分析主要原因是：在微观上来看，随着温度的升高，分子间碰撞频率增加，活化分子的比例也增加，有利于反应物能量的提高，从而加快浸出反应。从宏观上来看，这与硫的包裹形成钝化膜从而阻碍黄铜矿中铜的浸出有关。当温度超过硫的熔点（112.6℃）时，硫化物形态的硫（S^{2-}）的氧化产物主要为 S^0；当温度高达 175℃ 以上时，硫主要以 SO_4^{2-} 形式存在。比较普遍的观点认为生成的 S^0 有可能包裹未反应硫化矿，而且 S^0 易团聚，从而在反应物表面形成钝化膜，阻碍反应的进一步发生。150℃ 正好处于易于形成单质硫包裹的区域，而 180℃ 时硫已避开生成单质硫区域。因此，180℃ 下铜的浸出率远远高于 150℃ 下铜的浸出率。为了消除硫包裹的影响，可通过提高温度使 S^{2-} 完全氧化成 SO_4^{2-}，尽可能避免 S^0 生成。但是温度越高，氧的溶解度越低，浸出氧耗高，同时铁的浸出率也有所提高。另外，温度越高，浸出液中游离酸的浓度也越高，产生的大量硫酸需要后续处理，增加了额外负担。

对黄铜矿在不同温度下铜的浸出率与浸出时间的关系进行拟合，所得的铜浸出动力学方程的相关系数见表 2-32。x_b 代表浸出率，线性相关系数的 R^2 值是综合判断方程拟合效果好坏的指标，R^2 值越大，则该模型拟合越好，反之该模型拟合效果较差。无论是 150℃ 还是 180℃ 温度下，混合控制模型的 R^2 值均高于化学反应控制模型及扩散控制模型下的值，拟合率更高，表明黄铜矿的浸出过程采用混合控制模型较合适。图 2-43 为不同温度下用混合控制模型动力学方程进行拟合的结果，表 2-33 为通过拟合得到的不同温度下的表观速率常数。通常来说，

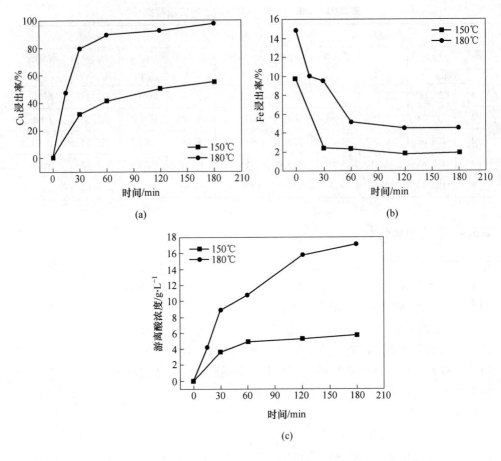

图 2-42 温度对 Cu（a）、Fe（b）浸出率及游离酸浓度（c）的影响

表 2-32   铜浸出过程不同动力学方程拟合的相关系数

速率控制	动力学方程	R^2（150℃）	R^2（180℃）
化学反应控制	$1 - (1 - x)^{1/3} = k_1 t$	0.776	0.731
扩散控制	$1 - 2/3 x_b - (1 - x_b)^{2/3} = k_1 t$	0.946	0.826
混合控制	$[(1 - x_b)^{-1/3} - 1] + 1/3\ln(1 - x_b) = k_1 t$	0.984	0.927

温度越高，表观速率常数越大，浸出速率也越快。180℃下的表观速率常数大约为 150℃下的表观速率常数的 30 倍，因此 180℃下在同等时间内铜的浸出速率和浸出率远远高于 150℃下的情况，这也与前面的浸出实验结果相一致。

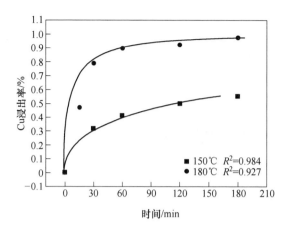

图 2-43　不同温度下混合控制模型拟合图

表 2-33　不同温度下的表观速率常数

T	150℃	180℃
k_1	0.0002	0.0061

对黄铜矿在不同温度下的浸出渣进行了 X 射线衍射（XRD）分析，并对 XRD 结果进行了 Rietveld 全谱拟合，结果如图 2-44 所示。黄铜矿在 150℃ 的浸出渣中出现了主体物相 $CuFeS_2$ 和明显的 Fe_2O_3 衍射特征峰，还有少量的黄铁矿（FeS_2）。这也进一步说明了在黄铜矿浸出中会发生水解反应生成赤铁矿。180℃ 下的浸出渣，主峰不再是 $CuFeS_2$ 特征峰，而是 Fe_2O_3 的特征衍射峰。因此，浸出渣中主体物相为赤铁矿（Fe_2O_3），只含有少量的 $CuFeS_2$，此外黄铁矿（FeS_2）所对应的峰也明显增强，表明在此温度下浸出渣中的黄铁矿也相应增多。表 2-34 为采用 Rietveld 全谱拟合对黄铜矿原矿及不同温度下浸出渣进行拟合的结果。可以看出，在 150℃ 下，渣中有 42.5% 左右的 $CuFeS_2$ 未浸出，同时渣中含有黄铁矿 5.3% 左右及近 50% 的 Fe_2O_3，在此温度下由浸出渣中拟合得到的数据通过计算得到铜的浸出率为 55.91%，这与实际浸出实验中测得的数据 55.50% 几乎相同。在 180℃ 下，渣中含 $CuFeS_2$ 只有 2.3% 左右，而黄铁矿的含量增加到 23.4% 左右，Fe_2O_3 的含量增加到 73.4% 左右，表明在此温度下铜基本全部被浸出，大部分的铁以赤铁矿的形式存在于渣中，少部分以黄铁矿的形式存在。在 180℃ 下，通过拟合数据计算得到铜的浸出率为 97.61%，也与实际浸出体系中测得的铜的浸出率 97.55% 极度吻合。这也间接说明了采用 Rietveld 全谱拟合的方法可以很好地用于本实验的 XRD 物相的定量分析中，且实验数据与计算结果偏差不大，结果的准确性较高。

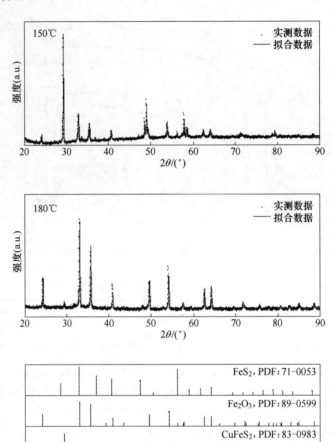

图 2-44 150℃和180℃下黄铜矿浸出渣 XRD 分析结果

表 2-34 不同温度下 Rietveld 全谱拟合数据

物料	CuFeS$_2$ 质量分数/%	FeS$_2$ 质量分数/%	Fe$_2$O$_3$ 质量分数/%	拟合铜浸出率 /%	实验铜浸出率 /%
浸前原矿	96.4±6.9	3.6±0.6	—	—	—
150℃浸出渣	42.5±2.7	5.3±0.6	52.1±3.3	55.91	55.50
180℃浸出渣	2.3±0.3	23.4±3.9	74.3±5.4	97.61	97.55

对不同温度下的浸出渣和黄铜矿原矿用扫描电镜进行了形貌分析，其结果如图 2-45 所示。未浸出的黄铜矿原矿多呈不规则的粒状颗粒和致密块状的集合体，其最大的块状颗粒尺寸不到 30μm，较小的颗粒尺寸甚至不到 10μm。150℃浸出渣中较小的颗粒直径变得更小，较大的颗粒依然存在。在大颗粒表面有一层透明

状的絮状物质，这可能是由于硫的包裹形成的钝化膜。180℃浸出渣形貌发生了很大的变化，基本上都为尺寸很小的较为规则的球形颗粒和规则的鳞片状颗粒，而这与赤铁矿的微观形貌结构非常吻合。

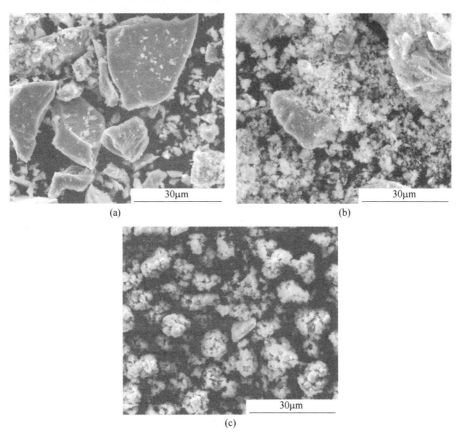

图 2-45　浸出渣的扫描电镜形貌图
（a）黄铜矿原矿；（b）150℃浸出渣；（c）180℃浸出渣

2.5.5　黄铜矿加压浸出电化学

与常压电化学测试不同，黄铜矿的加压浸出环境特殊，浸出设备既要具有耐腐蚀性又要有抗压能力，不参与体系反应，能维持内部环境恒定。试验所用电化学测试系统为自行设计，在高压釜基础上自行改装加工后制备所得。反应容器选材为金属钛，钛材的强度高，密度大，可承受高压，具有优良的耐腐蚀性能，同时，在高密度的钛材内部罕见大颗粒夹杂物，致密度高，避免点蚀现象。制备的反应容器表面形成一层十分纤薄且稳定的 TiO_2 保护膜，TiO_2 性质稳定，经过改装后，高压釜和高温高压电化学测试系统可针对不同温度条件下黄铜矿浸出过程开展电化学研究。

图 2-46 (a) 所示为不同温度下黄铜矿电极在硫酸溶液中的开路电位随时间变化的曲线。在 30℃、110℃、130℃和 150℃条件下，黄铜矿电极的开路电位随时间的延长可逐渐达到一个稳定值，这是由于黄铜矿表面已经形成了一层钝化膜。这层细薄的钝化膜在电极制备过程或在开路电位达到稳定的过程中就已经自发形成。根据目前的研究，这层钝化膜（$Cu_{1-x}Fe_{1-y}S_2$）的组成可能是由以下化学反应形成的：

$$CuFeS_2 \longrightarrow Cu_{1-x}Fe_{1-y}S_2 + xCu^{2+} + yFe^{2+} + 2(x + y)e \quad (y \geqslant x,\ x + y \approx 1)$$

$$(2\text{-}28)$$

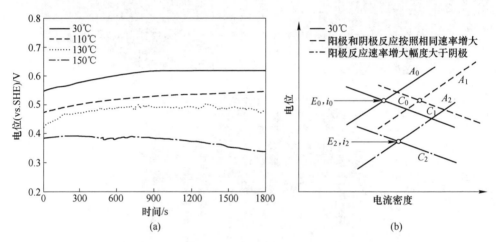

图 2-46　黄铜矿在 H_2SO_4 溶液中开路电位（a）随时间的变化与混合电位（b）理论示意图

在温度为 30℃、110℃和 130℃时，黄铜矿在硫酸溶液中的钝化膜有长大的趋势，开路电位有所升高。当浸出温度为 150℃时，钝化膜厚度未出现长大趋势，说明黄铜矿浸出的反应阻力更小。因此，温度不同导致黄铜矿的浸出机理也不同。根据混合电位理论，假设当阴极反应速率变化不大时，开路电位降低意味着阳极氧化电流增大，也就是说，升高温度会致使黄铜矿电极处于较高氧化浸出速率，这一结果与浸出实验结果相吻合，即升温利于黄铜矿浸出。

黄铜矿开路电位对应于其浸出速率的增大可以用混合电位理论进行解释，如图 2-46 (b) 所示。随着浸出温度的增大，黄铜矿的阳极反应速率和阴极反应速率均会增大。黄铜矿的开路电位由其阳极反应和阴极反应共同决定：阳极反应对应于黄铜矿的电化学氧化，阴极反应对应于氧化剂的还原过程。在黄铜矿的浸出过程中，其浸出率随着浸出温度升高而增大。如果在升温条件下，阳极反应与阴极反应以相同的速率增大，其开路电位将保持不变，只是黄铜矿的氧化电流增大而体现出其浸出速率增大；如果开路电位增加，则表现出阴极反应速率的增大幅度大于阳极反应速率的增大幅度。而在该研究中，出现了黄铜矿开路电位随着浸出温度的增高而降低的现象。这是由于温度的升高对阳极反应速率的增大超出了阴极反应速率的增大，导致了阳极反应极化曲线向高电流方向的移动超出了阴极极化曲线向高电流方向的移动，从而导致开路电位增大。这一研究结果表明，在加压条件下，温度的升高对于黄铜矿的氧化浸出的阳极反应具有更加明显的促进作用，这与浸出动力学结果一致。

图 2-47 所示为不同温度下黄铜矿电极在 H_2SO_4 溶液中的极化曲线，扫描速度为 1mV/s。在 30℃ 和 150℃ 的阳极极化曲线上，可以观察到类似钝化而又非完全钝化的行为，这种现象多见于钝化膜由一种形态转化为另外一种形态的情况。在 30℃ 条件下，当电位达到 950mV 时，黄铜矿电极的电流开始随着电位的升高而增大，出现过钝化，表明黄铜矿常温浸出时的钝化膜存在，钝化膜为缺金属硫化物，具有半导体的典型特征。当温度为 150℃ 时，黄铜矿电极的阳极曲线上存在类似趋势，但其过钝化电势更小，仅为 500mV。浸出渣中除了主体物相 $CuFeS_2$ 外，也含有大量的赤铁矿（Fe_2O_3）及少量的黄铁矿（FeS_2），表明该温度下的黄铜矿分解后生成黄铁矿。电势为 500mV，溶液的 pH<4 时，在 $CuFeS_2$-H_2O 系的电位-pH 图中从黄铁矿稳定区逐渐进入 Fe^{3+} 稳定区，这种过钝化趋势可能是附着在黄铜矿表面的黄铁矿溶解导致阻力层变薄，阳极电流增大。阳极曲线出现钝化和钝化溶解趋势后，只能通过阴极极化曲线的 Tafel 方法计算不同温度下黄铜矿电极的腐蚀电流，其结果见表 2-35。由计算结果可知，温度升高时，黄铜矿电极的自腐蚀电位 E_{corr} 逐渐减小，自腐蚀电流 i_{corr} 逐渐变大，这一结论与 OCP 的测试结果一致。当温度为 150℃ 时，黄铜矿电极的自腐蚀电流 i_{corr} 提高了 3 个数量级，浸出速率将远远大于在 30℃ 的浸出效果，这可较好地解释升温有利

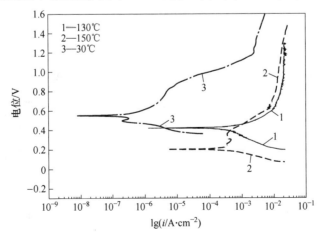

图 2-47 不同温度下黄铜矿样品在 H_2SO_4 溶液中的极化曲线

于黄铜矿溶解。黄铜矿样品的阴极 Tafel 斜率随温度升高逐渐变大，当温度为 150℃时达到 387mV/dec。阴极 Tafel 斜率变大意味着阴极反应速率的降低，黄铜矿的浸出机理发生了改变，这一结果与开路电位测试结果一致。

表 2-35　在不同温度下极化曲线的 Tafel 方程拟合结果

温度/℃	30	130	150
E_{corr}/mV	356.18	220.74	3.31
i_{corr}/A·cm^{-2}	$2.3×10^{-7}$	$3.1×10^{-4}$	$2.7×10^{-4}$
阴极塔菲尔斜率 β_c/mV	112	127	51
阳极塔菲尔斜率 β_a/mV	94	101	387

图 2-48 所示为不同温度条件下黄铜矿电极的 EIS 测试结果。从 Bode 模值图可知，提高反应温度后，可明显减小阻抗值，表明升温会减小黄铜矿浸出阻力，这与浸出黄铜矿加压浸出的动力学实验结果吻合。当温度为 30℃时，黄铜矿 EIS

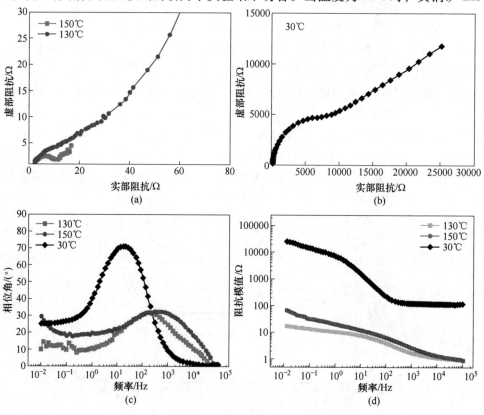

图 2-48　不同温度下黄铜矿的 EIS 测试结果

（a）（b）Nyquist 图；（c）Bode 相位图；（d）Bode 模值图

测试的 Bode 相位图上仅存在一个明显的时间常数，并且该时间常数平台所对应的相位角平台较高，约为 70°，表明黄铜矿表面形成了致密的半导体钝化膜。有研究表明这层钝化膜的主要成分是缺金属硫化物，是铜、铁和硫的迁移速率不同造成的。当体系温度升高后，Bode 相位图中体现出两个时间常数，且对应的相位角较低，表明在黄铜矿电极表面形成多孔且不致密的钝化膜。如果高温利于黄铜矿浸出是分子的热运动加快导致，那么从 EIS 测试结果看来，只会导致阻抗值的降低而不会导致 Bode 相位图的明显改变。但是在该研究中，Bode 相位图发生了明显的改变，证明了在加压条件下，黄铜矿的浸出机制已发生改变。

2.5.6 表面活性剂的影响

表面活性剂通常作为硫分散剂。例如，木质素磺酸钙加入浸出液中，能降低溶液的表面张力，使黄铜矿表面表现出更强的亲水性，疏水的硫就不易包裹矿物。在常压下，黄铜矿的浸出率较低，加入表面活性剂对于其浸出几乎无影响，因此，对于表面活性剂的研究主要集中于加压浸出中。研究了木质素磺酸钙用量对于黄铜矿浸出行为的影响，浸出条件为：搅拌速度 600r/min，氧分压为 400kPa，矿样粒度小于 32μm，硫酸浓度 5g/L，浸出温度 150℃，加压浸出 3h，木质素磺酸钙用量分别为 0kg/t（未添加）、2.5kg/t、5kg/t、10kg/t，实验结果如图 2-49 和表 2-36 所示。不加木质素磺酸钙的情况下，浸出 180min 时铜浸出率只有 55.50%；加入木质素磺酸钙的量为 2.5kg/t 时，相同时间，铜浸出率为 61.67%；当木质素磺酸钙的加入量为 5kg/t 时，铜浸出率为 66.44%；木质素磺酸钙的量加大到 10kg/t，铜的浸出率反而下降到 65.04%。说明适量加入木质素磺酸钙能提高黄铜矿中铜的浸出率，而加入量过高反而不易于铜的浸出。在浸出零点，即通氧之前，加入木质素磺酸钙后铁浸出率均高于未加木质素磺酸钙的浸

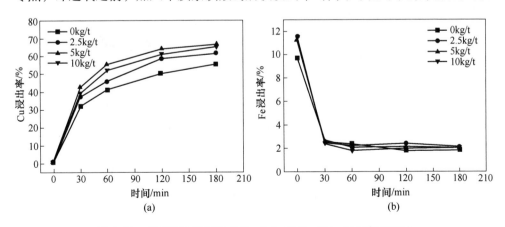

图 2-49 表面活性剂用量对 Cu（a）和 Fe（b）浸出率的影响

出率。随着浸出反应的进行，加木质素磺酸钙和不加木质素磺酸钙对铁的浸出基本没有影响。

表 2-36 不同表面活性剂用量下的浸出结果

编号	2.5kg/t			5kg/t			10kg/t		
	$c_{Fe^{2+}}$ /mg·L^{-1}	$c_{Fe^{3+}}$ /mg·L^{-1}	游离酸 /g·L^{-1}	$c_{Fe^{2+}}$ /mg·L^{-1}	$c_{Fe^{3+}}$ /mg·L^{-1}	游离酸 /g·L^{-1}	$c_{Fe^{2+}}$ /mg·L^{-1}	$c_{Fe^{3+}}$ /mg·L^{-1}	游离酸 /g·L^{-1}
1	1019.9	225.08	0	950.8	259.20	0	985.15	258.35	0
2	162.26	25.74	3.38	144.88	65.12	2.48	139.08	30.92	2.01
3	115.90	27.10	4.27	81.13	48.87	3.68	75.34	22.66	3.09
4	127.49	43.51	6.18	75.34	54.66	3.97	104.31	15.69	4.27
5	86.93	33.07	6.08	86.93	43.07	4.76	75.34	54.66	5.00

对未加表面活性剂木质素磺酸钙和加木质素磺酸钙 5kg/t 的浸出渣进行 XRD 分析并进行 Rietveld 全谱拟合，其结果如图 2-50 和表 2-37 所示。未加表面活性剂的浸出渣中主体物相除 $CuFeS_2$ 外，并含有大量的赤铁矿（Fe_2O_3）及少量的黄铁矿（FeS_2）。加入木质素磺酸钙的浸出渣的衍射特征峰与未加木质素磺酸钙的衍射峰比较相似，只是峰值的强度发生了一定的改变。由表 2-37 可以看出，未加木质素磺酸钙的浸出渣中含有 42.5% 左右的 $CuFeS_2$，含有 5.3% 左右的黄铁矿，同时有 52.1% 左右的 Fe_2O_3。加入 5kg/t 的木质素磺酸钙后，浸出渣中的 $CuFeS_2$ 减少到 30.5% 左右，这与加入木质素磺酸钙的衍射峰主峰强度弱于未加

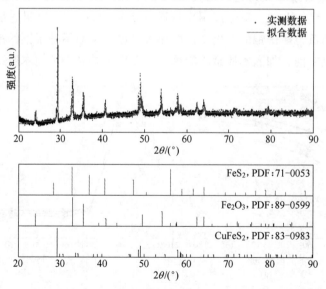

图 2-50 加木质素磺酸钙的浸出渣 XRD 分析结果

木质素磺酸钙的相吻合；黄铁矿的含量为 5.7% 左右，与未加木质素磺酸钙的相比，变化不大；Fe_2O_3 则由 52.1% 左右增加到 63.8% 左右，根据拟合数据计算出铜的浸出率为 68.36%，与实验实际浸出得到的铜的浸出率相吻合。

表 2-37　加木质素磺酸钙的浸出渣 Rietveld 全谱拟合数据

物料	$CuFeS_2$ 质量分数/%	FeS_2 质量分数/%	Fe_2O_3 质量分数/%	拟合铜浸出率/%	实验铜浸出率/%
浸前原矿	96.4±6.9	3.6±0.6	—	—	—
未加活性剂浸出渣	42.5±2.7	5.3±0.6	52.1±3.3	55.91	55.50
加活性剂浸出渣	30.5±2.0	5.7±0.7	63.8±4.1	68.36	66.44

对未加木质素磺酸钙和加木质素磺酸钙后的浸出渣用扫描电镜进行了形貌分析，如图 2-51 所示。未加木质素磺酸钙的浸出渣中依然存在不少尺寸相对较大的颗粒，颗粒多呈絮状的物质，一些较大的颗粒表面边缘不规则，呈锯齿状，表明仅部分黄铜矿被溶蚀。加入木质素磺酸钙的浸出渣中较大尺寸的颗粒明显减少，颗粒基本上呈形状不一的絮状物，但呈锯齿状的大颗粒尺寸明显变小，间接说明表面活性剂能起到分散未反应的黄铜矿表面的硫的作用。

图 2-51　未加表面活性剂（a）与加表面活性剂（b）浸出渣的扫描电镜图

综上所述，加入木质素磺酸钙与未加木质素磺酸钙的浸出渣的物相相比并没有发生变化，只是浸出渣中不同物相的含量发生了变化。这也进一步说明了木质素磺酸钙作为一种硫分散剂，其主要作用机理是减缓硫的包裹，从而对黄铜矿中铜的浸出有一定促进作用。

2.5.7　微波活化预处理的影响

物质吸收微波能力主要与其晶体结构有关，不同物质在微波场中具有不同升温特性。物质吸收微波后，其晶体结构可能会发生明显变化，例如黄铁矿在一定条件下微波预处理后会变成磁黄铁矿。用微波加热矿物时，由于产生热应力，会在矿物的表面产生微小的裂缝，这有助于提高矿物中有价元素的浸出率。

2.5.7.1 微波活化常压浸出

开展了微波活化矿和未活化矿在常压条件下的浸出实验，以 100℃ 的微波活化黄铜矿预处理 20min，焙砂样粒度为 400~500 目（38~25μm），常压浸出温度 80℃，硫酸浓度 5g/L，搅拌速度 600r/min，液固比 30∶1，浸出时间 180min。浸出结果如图 2-52 和表 2-38 所示。未微波活化预处理的黄铜矿在常压条件直接用硫酸浸出基本难以浸出，浸出 180min 后，铜浸出率只有 2.48%。微波活化预处理后的黄铜矿在常压浸出中铜的浸出率有一定程度的提升，但不明显。微波活化矿较未活化矿来说，铁的浸出率有一定程度增加。游离酸的浓度则是呈相反的趋势缓慢下降，表明在常压下铁的浸出很缓慢。

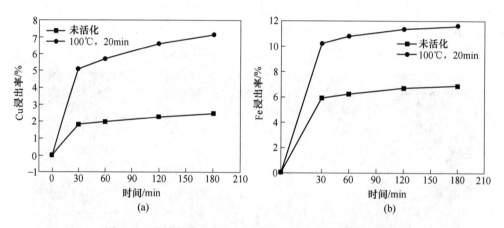

图 2-52 微波活化对 Cu（a）和 Fe（b）常压浸出的影响

表 2-38 黄铜矿微波活化常压浸出实验结果

编号	未微波活化矿			微波活化矿		
	$c_{Fe^{2+}}$ /mg·L^{-1}	$c_{Fe^{3+}}$ /mg·L^{-1}	游离酸 /g·L^{-1}	$c_{Fe^{2+}}$ /mg·L^{-1}	$c_{Fe^{3+}}$ /mg·L^{-1}	游离酸 /g·L^{-1}
1	0	0	5	0	0	5
2	509.96	110.04	1.28	904.20	162.80	0.94
3	521.55	138.45	1.11	938.79	215.21	0.85
4	556.32	174.68	1.02	1019.92	211.08	0.77
5	567.91	190.09	0.93	1031.51	234.49	0.71

2.5.7.2 黄铜矿微波活化加压浸出

分别在 100℃、200℃、400℃ 的活化温度下预处理 5min，然后进行加压浸出。加压浸出条件如下：浸出温度 423K，酸度 5g/L，氧分压 400kPa，搅拌速度 600r/min，300mL H_2SO_4，10g 微波活化的焙砂，矿样粒度 400~500 目（38~25μm），实验结果如图 2-53 和表 2-39 所示。微波活化矿较未活化矿加压浸出，铜的浸出率有明显的提升，浸出 180min 时，活化温度为 100℃ 的焙砂，铜的浸出率从未活化的 43.99% 增加到 54.81%。随着活化温度的升高，铜的浸出效果反而下降，这可能是由于在高温时存在去活化（退火）过程，使原料的活化效果相对降低，故高温活化效果反而较低温差。因此活化温度不宜选择过高。

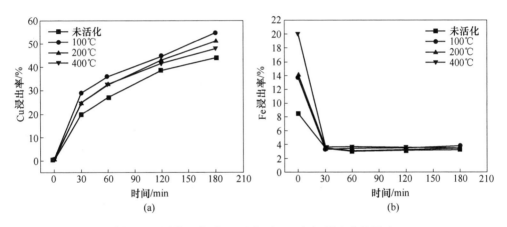

图 2-53　活化温度对 Cu（a）和 Fe（b）浸出率的影响

表 2-39　不同活化温度下的加压浸出实验结果

编号	100℃			200℃			400℃		
	$c_{Fe^{2+}}$ /mg·L^{-1}	$c_{Fe^{3+}}$ /mg·L^{-1}	游离酸 /g·L^{-1}	$c_{Fe^{2+}}$ /mg·L^{-1}	$c_{Fe^{3+}}$ /mg·L^{-1}	游离酸 /g·L^{-1}	$c_{Fe^{2+}}$ /mg·L^{-1}	$c_{Fe^{3+}}$ /mg·L^{-1}	游离酸 /g·L^{-1}
1	1269.1	219.39	0	1286.49	228.51	0	1622.6	540.40	0
2	220.21	37.79	3.24	191.24	80.76	2.50	202.83	47.17	2.55
3	226.01	57.99	3.97	173.85	56.15	3.04	185.44	74.56	3.58
4	231.80	64.20	4.41	202.83	47.17	3.68	191.24	58.76	4.71
5	249.19	74.81	5.25	185.44	89.56	3.92	173.85	46.15	4.66

不同活化保温时间对黄铜矿浸出的影响如图 2-54 和表 2-40 所示。随着微波活化保温时间（即预处理时间）的增加，铜的浸出率有一定程度增加。这是由于保温时间的延长，矿物受微波辐射的时间变长，增加了矿物的活化效果，从而

加速了浸出过程的传质效果和浸出速率，提升了铜的浸出率。微波活化虽然在一定程度上也促进了铁的浸出，但基本稳定在 4% 以下。微波活化后加压浸出的终酸浓度较未微波活化只是略有增加，并不产生硫酸过剩的问题。

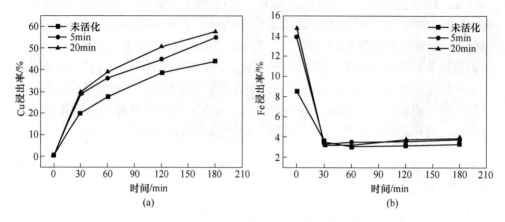

图 2-54　保温时间对 Cu（a）和 Fe（b）浸出率的影响

表 2-40　不同保温时间的实验结果

编号	未活化			保温 5min			保温 20min		
	$c_{Fe^{2+}}$ /mg·L^{-1}	$c_{Fe^{3+}}$ /mg·L^{-1}	游离酸 /g·L^{-1}	$c_{Fe^{2+}}$ /mg·L^{-1}	$c_{Fe^{3+}}$ /mg·L^{-1}	游离酸 /g·L^{-1}	$c_{Fe^{2+}}$ /mg·L^{-1}	$c_{Fe^{3+}}$ /mg·L^{-1}	游离酸 /g·L^{-1}
1	793.92	119.08	0	1269.11	219.39	0	1431.3	155.13	0
2	289.75	42.25	2.06	220.21	37.79	3.24	202.83	35.17	2.40
3	208.62	66.38	2.75	226.01	57.99	3.97	197.03	41.97	4.41
4	220.21	66.79	4.17	231.80	64.20	4.41	231.8	82.20	4.46
5	249.19	64.81	4.71	249.19	74.81	5.25	266.57	59.43	4.90

借助 XRD 和 SEM 对微波活化前后的黄铜矿的矿物结构、形貌进行了分析研究，结果如图 2-55 和表 2-41 所示。微波活化矿与未微波活化矿的衍射特征峰基本上变化不大，说明了主要物相并未发生改变，未活化前的黄铜矿原矿主要物相为 $CuFeS_2$，并含有少量的伴生矿物 FeS_2；经微波活化后，主要物相依然为 $CuFeS_2$，并含有少量的 Fe_2O_3，而 FeS_2 消失不见。微波活化后，$CuFeS_2$ 的含量由活化前的 96.4% 降低到 91.0% 左右，Fe_2O_3 的含量变为 9.0% 左右，这也说明了微波活化过程中黄铜矿颗粒表面有部分的 Fe 和 S 被氧化，从而导致 Cu—Fe—S 键或 Fe—S 键去稳定化，这可能就是微波活化能提高铜的浸出效果的主要原因。

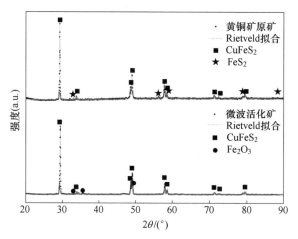

图 2-55 微波活化处理前后黄铜矿的 XRD 谱图

表 2-41 微波活化与未微波活化 Rietveld 全谱拟合数据

物料	$CuFeS_2$ 质量分数/%	FeS_2 质量分数/%	Fe_2O_3 质量分数/%
未活化矿	96.4±6.9	3.6±0.6	—
微波活化矿	91.0±6.3	—	9.0±0.9

采用扫描电镜研究了微波活化前后黄铜矿的形貌变化，如图 2-56 所示。在微波活化前后，未见明显变化，依然呈不规则的粒状颗粒和致密块状的集合体，同时，经微波活化后的黄铜矿在颗粒的表面明显出现了较多的孔洞，有的颗粒表

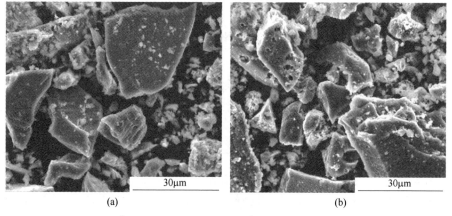

图 2-56 未微波活化与微波活化黄铜矿的扫描电镜图

（a）未活化的黄铜矿；（b）微波活化后的黄铜矿

面会有局部细小的裂缝。这表明微波辐射产生的热应力使致密耐蚀的黄铜矿晶体结构产生了一定程度的破坏，这种晶格上的缺陷也是促进黄铜矿浸出的原因之一。

图 2-57 所示为未微波活化的黄铜矿加压浸出渣的 X 射线衍射分析图，表 2-42 为 Rietveld 全谱拟合数据。与活化浸出渣相比，微波活化浸出渣的主要衍射特征峰基本相差不大，只是个别峰值的强度稍有变化，浸出渣的主要物相都是 $CuFeS_2$，并且都含有 FeS_2 和 Fe_2O_3。通过对浸出渣进行 Rietveld 全谱拟合，未微波活化的黄铜矿加压浸出后，浸出渣中依然含有 67.1% 左右的 $CuFeS_2$，FeS_2 比浸出前略有增加，为 5.5% 左右，同时有 27.4% 左右的 Fe_2O_3 生成。但是，微波活化后浸出渣中 $CuFeS_2$ 为 47.7%，比活化前直接加压浸出有明显降低，说明微波活化确实有助于黄铜矿浸出。

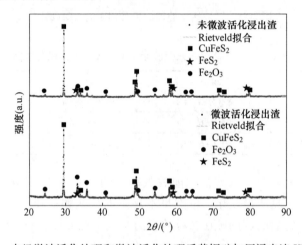

图 2-57 未经微波活化处理和微波活化处理后黄铜矿加压浸出渣 XRD 谱图

表 2-42 微波活化浸出渣 Rietveld 全谱拟合数据

物料	$CuFeS_2$ 质量分数/%	FeS_2 质量分数/%	Fe_2O_3 质量分数/%	拟合铜浸出率 /%	实验铜浸出率 /%
浸前原矿	96.4±6.9	3.6±0.6	—	—	—
未活化浸出渣	67.1±4.6	5.5±0.4	27.4±1.8	30.39	43.99
活化浸出渣	47.7±3.0	17.6±2.3	34.8±2.2	50.52	57.64

图 2-58 所示为未微波活化和经微波活化处理后加压浸出渣的扫描电镜图。未活化和微波活化矿在加压浸出后的浸出渣的形貌变化较为明显。未微波活化的浸出渣基本上为不规则的尺寸较大的颗粒。微波活化后，除了部分未反应完全的颗粒较大，大部分颗粒尺寸明显变小，未微波活化的浸出渣多数表面呈片状的颗

粒，而微波活化后的黄铜矿加压浸出渣大部分为反应完全的絮状小颗粒，只有少部分表面有孔洞的大颗粒，可能是未反应完全的黄铜矿颗粒。

图 2-58 未微波活化和微波活化浸出渣的扫描电镜图

(a) 未活化浸出渣；(b) 微波活化后的浸出渣

综上所述，未微波活化预处理的黄铜矿在常压条件直接用硫酸基本难以浸出。微波活化预处理后的黄铜矿在常压下也较难浸出。考察活化温度对黄铜矿浸出的影响发现，提高活化温度，反而不利于铜的浸出，这是由于在高温时存在去活化（退火）过程，使原料的活化效果相对降低。考查保温时间对黄铜矿浸出的影响发现，随着微波活化保温时间的增加，黄铜矿的浸出效果有一定程度增加。这是由于保温时间的延长，相当于矿物受微波辐射的时间变长，这就增加了矿物的活化效果，从而加速了浸出速率。通过对微波活化和未活化的矿及浸出渣的表征发现，微波活化矿后有新相生成，其微观形貌也发生了变化。表现在宏观上，铜的浸出率得到提升，原因可能是微波活化使黄铜矿出现晶格缺陷或是矿物表面 Fe 和 S 的氧化，导致 Cu—Fe—S 键和 Fe—S 键去稳定化。

2.6 黄铜矿酸性浸出过程机理分析

在前述黄铜矿浸出动力学实验研究中，针对黄铜矿在酸性加压浸出条件下的反应机理进行了分析探讨。本节将结合热力学计算讨论黄铜矿在不同物质浓度（如铜离子、铁离子、硫化氢等）条件下的可能的溶解路线，以进一步明晰黄铜矿酸性加压浸出机理。

2.6.1 硫酸溶液中的溶解反应热力学

虽然黄铜矿的最终反应产物包括 Cu^{2+}、Fe^{2+} 和元素硫，但在硫酸溶液中，

$CuFeS_2$ 的初步氧化溶解可能存在多种途径。根据文献报告的中间产物，表 2-43 总结了 $CuFeS_2$ 在硫酸溶液中可能的氧化溶解反应路线的平衡电位。这四个反应属于起始反应，$CuFeS_2$ 的氧化溶解起始反应可分为四个途径，Fe^{2+} 和单质硫是上述反应的产物。此外，Cu、Cu_2S、Cu_5FeS_4 和 Cu^{2+} 也分别作为四种反应路线的产物或中间产物出现。所有与可能的反应有关的电位都是 Fe^{2+} 或 Cu^{2+} 浓度的函数，或者与两者都有关。因此，与可能的反应相关的电位应该在不同的 Fe^{2+} 和 Cu^+ 浓度下进行比较。电位和产物的浓度之间的关系如图 2-59 所示。分别用 E_{01-1}、E_{02}、E_{03} 和 E_{04-1} 四个符号代表表 2-43 中路线 1~4 的电位。假设 Cu^{2+} 浓度与 Fe^{2+} 浓度在 1×10^{-6}~1mol/L 范围内变化相同，基于 HSC 数据库计算出的相同 Fe^{2+} 浓度下不同反应的电位顺序为：$CuS<Cu_5FeS_4<Cu_2S<Cu^{2+}$。电位 E_{01-1}、E_{02}、E_{03}、E_{04-1} 分别与 CuS、Cu_5FeS_4、Cu_2S、Cu^{2+} 有关，均随 Fe^{2+} 浓度的增加而增加，顺序不变。在 E_{04-1} 中，$CuFeS_2$ 直接氧化成 Cu^{2+} 的电势总是比 Cu、Cu_2S 和 Cu_5FeS_4 作为中间产物至少高 0.137V。显然，在这些氧化反应路线中，$CuFeS_2$

表 2-43　硫酸溶液中 $CuFeS_2$ 氧化溶解反应可能路线的平衡电位

路线	化学反应	平衡电位
1	$CuFeS_2 = CuS+S+Fe^{2+}+2e$	$E_{01}=0.219+0.0295\lg c_{Fe^{2+}}$
2	$2CuFeS_2 = Cu_2S+3S+2Fe^{2+}+4e$	$E_{02}=0.289+0.0295\lg c_{Fe^{2+}}$
3	$10CuFeS_2 = 2Cu_5FeS_4+12S+8Fe^{2+}+16e$	$E_{03}=0.251+0.0295\lg c_{Fe^{2+}}$
4	$CuFeS_2 = Cu^{2+}+2S+Fe^{2+}+4e$	$E_{04}=0.426+0.0148\lg c_{Fe^{2+}}+0.0148\lg c_{Cu^{2+}}$

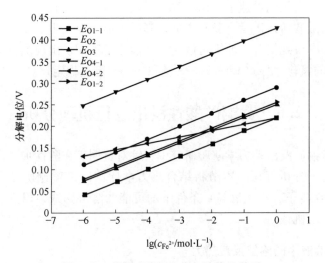

图 2-59　黄铜矿分解电位与路线的关系

直接生成为 Cu^{2+} 是不符合热力学条件的。因此，发生在黄铜矿表面的氧化反应倾向于形成中间产物。

在剩下的三种可能的生成反应途径中，CuS 是最有可能的中间产物，其次是 Cu_5FeS_4，Cu_2S 由于其高电位是可能性最小的中间产物。然而，Warren 等人根据电流和质量平衡计算提出形成了两个中间硫化物[67]。Majuste 等人用等量小角度 X 射线衍射对黄铜矿电化学溶解实验中存在的中间产物斑铜矿进行了检测[68]。这意味着一种富含铜的化合物，如 Cu_5FeS_4，也可能作为中间产物与 CuS 一起出现。为了从热力学的角度阐明这一事实，需要进一步考察相关化合物的标准自由能值。在这些化合物中，不同参考文献中 CuS 的标准自由能值有很大差异。例如，在 HSC 数据库中为 $-56.611kJ/mol$，但其他相关文献显示为 $-53.906kJ/mol$、$-48.929kJ/mol$、$-47.007kJ/mol$。为了校正这些差异，我们推导出了一个合理的值。Cu_2S 和 CuS 可以看作是 $Cu_{1+x}S$（$x = 0 \sim 1$）中的两个特殊化合物，这些化合物及其标准自由能的值见表 2-44。通过绘制它们的标准生成自由能与 x 的关系，可以发现它们的标准生成自由能与 x 之间存在精确的线性关系（见图 2-60）。由线性关系导出了 $Cu_{1+x}S$ 的标准生成自由能的表达式如下：

$$\Delta_f G^\ominus = -49.947 - 36.30x \tag{2-29}$$

由式（2-29）推导出 CuS 的标准自由能为 $-49.947kJ/mol$。这个值位于文献中报告的几个值之间，与 $-48.929kJ/mol$ 值非常接近。

表 2-44　25℃时 $Cu_{1+x}S$ 的标准生成自由能　　　　　　　（kJ/mol）

分子式	Cu_2S	$Cu_{1.96}S$	$Cu_{1.93}S$	$Cu_{1.83}S$	$Cu_{1.75}S$	$Cu_{1.67}S$	$Cu_{1.38}S$	CuS
$\Delta_f G^\ominus$	-85.52	-84.60	-83.60	-80.25	-78.50	-74.40	-63.11	-48.93

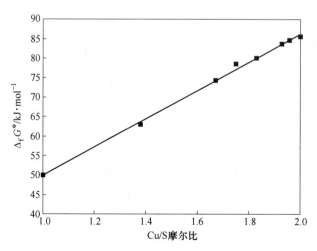

图 2-60　标准生成自由能与 Cu/S 比值的关系

当用-49.947kJ/mol 代替-56.611kJ/mol 计算表 2-43 中反应路线 1 的电位时，反应 1 的标准电位为 0.254V，与反应 3 几乎相同（0.251V）。当 Fe^{2+} 浓度从 1×10^{-6}mol/L 增加到 1mol/L 时，CuS、Cu_2S、Cu_5FeS_4 对应的电位 E_{01-2}、E_{02}、E_{03} 分别在 0.077~0.254V、0.112~0.289V、0.074~0.251V 范围内并呈逐渐增大趋势。显然，线 E_{02} 总是在 E_{02-2} 和 E_{03} 之上。因此，Cu_2S 不太可能是黄铜矿浸出的中间产物。计算得到相同 Fe^{2+} 浓度下不同反应路线的电位序列为：$Cu_5FeS_4 \approx$ CuS<Cu_2S<Cu^{2+}。图 2-59 中的线 E_{01-2} 与线 E_{03} 几乎重合，这意味着 Cu_5FeS_4 和 CuS 在 $CuFeS_2$ 表面作为氧化溶解机制的中间体出现的概率相同。

除了上述分析外，还有一个特殊的情况需要考虑。当黄铜矿的浸出沿着反应表 2-43 中路径 3 和 1 中 Cu_5FeS_4 和 CuS 作为中间产物的两条反应路线进行时，如表 2-44 所示，黄铜矿中的铁不断释放到溶液中，铜仍然没有溶解。在此期间，Fe^{2+} 浓度不断增加，而 Cu^{2+} 浓度保持为零。若这种情况真实发生，则根据表 2-43 中的电位计算方程，E_{04-1} 将比图 2-59 中的其他三条线低很多。因此，在黄铜矿浸出的初期有利于直接氧化，释放出一定量的 Cu^{2+}。同时，Cu^{2+} 浓度的积累使 E_{04-1} 线升高，逐渐高于 E_{01-2} 和 E_{03}。即存在一个 Cu^{2+} 浓度的极限值，超过这个浓度，黄铜矿的直接氧化反应就会被抑制。

假定 Cu^{2+} 与 $CuFeS_2$ 和 CuS 平衡后的 Cu^{2+} 浓度在 1×10^{-14}mol/L 范围内，则代表直接氧化黄铜矿为 Cu^{2+} 的线 E_{04-1} 将转变成 E_{04-2}。当 Fe^{2+} 浓度超过 $1\times10^{-2.5}$mol/L 时，线 E_{04-2} 开始低于 E_{01-2} 和 E_{03}，导致 Cu_5FeS_4 和 CuS 在黄铜矿表面生成的反应终止，溶解反应变为直接的完全氧化机制。当 Cu^{2+} 浓度增加时，线 E_{04-2} 也随之升高。因此，Cu^{2+} 的加入将有助于黄铜矿浸出产生一系列的中间产物，如 Cu_5FeS_4 和 CuS。如果直接完全氧化溶出速率低于以 Cu_5FeS_4 和 CuS 为中间体的反应路线，则说明添加 Cu^{2+} 可以提高黄铜矿的浸出速率，黄铜矿中的铁优先释放到溶液中的现象也可以得到解释。因此，以 Cu_5FeS_4 和 CuS 为中间产物的反应路线，必然比 Cu^{2+} 与 Fe^{2+} 同步释放的直接完全氧化路线要快。

综上所述，Cu_5FeS_4 和 CuS 都可以作为 $CuFeS_2$ 氧化溶解反应机制的第一批中间产物。表 2-43 所示的反应路线 3 和 1 更适合于黄铜矿的溶解路线。

2.6.2 硫酸溶液非氧化溶解反应热力学

当 $CuFeS_2$ 与 H^+ 混合时，可以发生如下分解反应，在 $CuFeS_2$ 完全分解为 Cu^{2+}、Fe^{2+} 和单质硫之前，生成 CuS、Cu_2S 和 Cu_5FeS_4 等中间产物。

$$CuFeS_2 + 2H^+ === CuS + H_2S + Fe^{2+}$$

$$\Delta G_9^{\ominus} = -2.303 \times 8.314 \times 298 \times \lg(c_{Fe^{2+}} \cdot c_{H_2S}/c_{H^+}^2) = 20421J \quad (2-30)$$

$$2CuFeS_2 + 4H^+ === Cu_2S + 2H_2S + S + 2Fe^{2+}$$

$$\Delta G_{10}^{\ominus} = -2.303 \times 8.314 \times 298 \times \lg(c_{Fe^{2+}}^2 \cdot c_{H_2S}^2 / c_{H^+}^4) = 54513J \quad (2\text{-}31)$$

$$5CuFeS_2 + 8H^+ === Cu_5FeS_4 + 4H_2S + 2S + 4Fe^{2+}$$

$$\Delta G_{11}^{\ominus} = -2.303 \times 8.314 \times 298 \times \lg(c_{Fe^{2+}}^4 \cdot c_{H_2S}^4 / c_{H^+}^8) = 79406J \quad (2\text{-}32)$$

三种反应路线都伴随着 H_2S 释放进入溶液。不同中间产物得到的对应 H_2S 浓度顺序为：$Cu_5FeS_4 \geqslant CuS > Cu_2S$。平衡态 H_2S 浓度均随 pH 值和 Fe^{2+} 浓度的增加而降低（见图 2-61）。在相同 Fe^{2+} 浓度下，平衡态 H_2S 浓度顺序不变。与 Cu_2S 中间产物对应的平衡 H_2S 浓度最低，与 Cu_5FeS_4 中间产物对应的平衡 H_2S 浓度略高于与 Cu 中间产物对应的平衡 H_2S 浓度，这意味着反应（2-32）和反应（2-30）在黄铜矿表面的 H_2S 浓度相同。当反应（2-32）和反应（2-30）发生时，反应（2-31）会被反应（2-32）和（2-30）产生的高 H_2S 浓度所抑制。基于化学平衡，Cu_5FeS_4 和 CuS 都非常可能是黄铜矿非氧化浸出的中间产物。当然，Cu_5FeS_4 中间产物可能会进一步分解为更简单的中间体，如 CuS 等。这些二级反应将发生在中间体 Cu_5FeS_4 的表面，而不会发生在黄铜矿表面。然而，根据 Warren 的热力学分析，在 0.50V（SHE）的条件下对作为黄铜矿氧化中间产物的斑铜矿的形成进行了计算，结果表明，在较高电位下，该产物经过连续的氧化阶段被氧化为铜蓝（CuS），随后被氧化为单质硫（S），但中间产物的性质存在一些不稳定性[67]。因此，除了 Majuste 分别以 0.70V（SHE）和 0.80V（SHE）的计时电流法对氧化后的黄铜矿电极进行等量小角度 X 射线衍射检测到斑铜矿外，大多数研究都没有检测到黄铜矿反应表面存在 Cu_5FeS_4[68]。

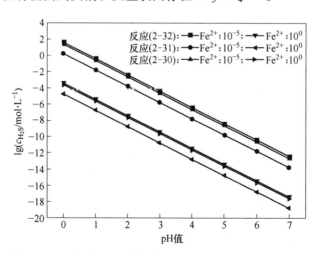

图 2-61　平衡态 H_2S 浓度对 $CuFeS_2$ 不同反应酸溶的影响

实际上，非氧化溶解反应（2-30）~反应（2-32）可视为自氧化/还原反应。在这三种反应中，铜、铁和硫三种元素的价态都发生了变化。值得一提的是，

$CuFeS_2$ 在这些反应中起着氧化剂的作用。这说明当氧化还原电位高于 $CuFeS_2$ 的静息电位时，非氧化溶解反应（2-30）~反应（2-32）受到抑制。但当溶液中的氧化还原电位远低于 $CuFeS_2$ 的静息电位时，$CuFeS_2$ 及其中间产物的氧化溶出也会受到抑制，导致进一步溶解的终止。因此，黄铜矿的浸出存在一个最佳的电位条件。

综上所述，在 $CuFeS_2$ 的非氧化溶解过程中，最可能的中间产物是 Cu_5FeS_4 和 CuS。黄铜矿的溶解路线促进反应（2-32）和反应（2-30），根据以上讨论，黄铜矿最可能的起始溶解路线如图 2-62 所示，其中包含两条氧化路线和非氧化路线。

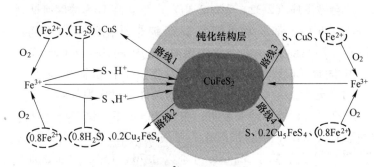

路线1：$CuFeS_2+2H^+ \rightleftharpoons CuS+H_2S+Fe^{2+}$

路线2：$5CuFeS_2+8H^+ \rightleftharpoons Cu_5FeS_4+4H_2S+2S+4Fe^{2+}$

路线3：$CuFeS_2 \rightleftharpoons CuS+S+Fe^{2+}+2e$

路线4：$10CuFeS_2 \rightleftharpoons 2Cu_5FeS_4+12S+8Fe^{2+}+16e$

图 2-62 可能的黄铜矿溶解反应路线

2.6.3 简单硫酸浸出液中的离子平衡浓度

黄铜矿在硫酸溶液浸出过程中，溶液中的 Cu^{2+}、Fe^{2+}、Fe^{3+}、H_2S 等多种可溶性物质与固体矿物保持平衡。这些平衡产物的活度对浸出反应和反应路线有很大的影响。因此，必须确定它们之间的关系，以便更详细了解浸出过程。

2.6.3.1 Cu^{2+} 和 H_2S 的平衡浓度

Cu^{2+} 与 H_2S 之间可能发生的反应及 Cu_2S 与 CuS 的形成如下：

$$2Cu^{2+} + 2H_2S \rightleftharpoons Cu_2S + 4H^+ + S$$

$$\Delta G_{12}^\ominus = -2.303 \times 8.314 \times 298 \times \lg[c_{H^+}^4/(c_{Cu^{2+}}^2 \cdot c_{H_2S}^2)] = 160123J \quad (2-33)$$

$$Cu^{2+} + H_2S \rightleftharpoons CuS + 2H^+$$

$$\Delta G_{13}^\ominus = -2.303 \times 8.314 \times 298 \times \lg[c_{H^+}^2/(c_{Cu^{2+}} \cdot c_{H_2S})] = -86897J \quad (2-34)$$

根据总 S^{2-} 浓度（$\sum c_{H_2S} + c_{HS^-} + c_{S^{2-}}$）不同时的 H_2S 浓度变化，几乎所有的水相 S^{2-} 在酸性范围内都以 H_2S 的形式存在（见图 2-63，根据 HSC 数据库计算，不包含 CuS）。

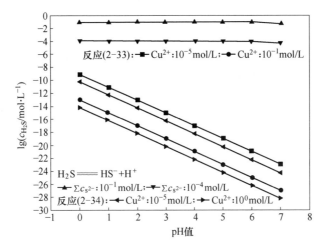

图 2-63　不同 Cu^{2+} 浓度下水溶液中 H_2S 与 Cu_2S、CuS 的平衡

由图 2-63 可以看出 H_2S 浓度与 Cu_2S 和 CuS 的平衡关系。随着 pH 值和 Cu^{2+} 浓度的降低，H_2S 浓度逐渐升高，而水溶液中 H_2S 的浓度可以通过形成 Cu_2S 和 CuS 保持在很低的水平。然而，形成 CuS 可减少的水溶液中的 H_2S 浓度约比同样 Cu^{2+} 浓度和 pH 值下形成 Cu_2S 低一个数量级。例如，当 Cu^{2+} 的浓度为 1×10^{-5} mol/L 且 pH 值为 2 时，H_2S 与 Cu_2S、CuS 的平衡浓度分别为 $1 \times 10^{-13.03}$ mol/L 和 $1 \times 10^{-14.23}$ mol/L。说明在黄铜矿酸性浸出初期，当 Cu^{2+} 浓度和 pH 值都很低时，水溶液可能存在较高的 H_2S 浓度，铁比铜先释放到溶液中可能是造成较低的 Cu^{2+} 浓度的原因。

非氧化溶出机制在黄铜矿浸出初期起重要作用，通过添加 Cu^{2+} 可以将高浓度的 H_2S 降低到一个较低的水平，保证非氧化溶解反应的进行。例如，由式（2-33）可知当 pH=2、Fe^{2+} 浓度为 0.1 mol/L 时，由 $CuFeS_2$ 分解为 Cu_5FeS_4 得到的平衡 H_2S 浓度为 $1 \times 10^{-6.479}$ mol/L。当 Cu^{2+} 浓度为 1×10^{-2} mol/L 时，与 Cu_2S 对应的 H_2S 平衡浓度为 $1 \times 10^{-16.03}$ mol/L。显然，Cu_2S 的生成可以降低 $CuFeS_2$ 反应转变为 Cu_5FeS_4 所产生的 H_2S 浓度。在这种情况下，次生 Cu_2S 可能成为黄铜矿浸出的中间产物。由于 Cu_2S 的溶解度比 $CuFeS_2$ 快得多，因此黄铜矿的浸出速率会提高。这一假设与在初始浸出阶段加入少量 Cu^{2+} 有利于黄铜矿的溶解现象是一致的。CuS 的形成在降低 H_2S 浓度方面，作用与 Cu_2S 一致。特别是即使当 Cu^{2+} 浓度非常低的时候，CuS 可以使水溶 H_2S 浓度降低到低于 Cu_2S 对应的水平

（见图 2-63）。例如，在 pH=2、Fe^{2+} 浓度为 0.1mol/L 的条件下，$CuFeS_2$ 分解生成 Cu_5FeS_4 的平衡 H_2S 浓度为 $1×10^{-6.479}$mol/L 时，$1×10^{-2}$mol/L 的 Cu^{2+} 足以将 H_2S 浓度降低到 $1×10^{-17.23}$mol/L。这意味着反应（2-34）比反应（2-33）发生得更彻底，而 CuS 比 Cu_2S 优先生成。同时，CuS 的溶解速度，特别是新形成的铜蓝的溶解速度也比黄铜矿快得多。从热力学角度看，CuS 更适合作为黄铜矿非氧化溶出途径的另一种二次中间产物，即黄铜矿可以通过非氧化溶解机制转化为 Cu_5FeS_4，然后根据 Cu^{2+} 和 H_2S 的扩散速率，无论是在溶液中还是在 Cu_5FeS_4 中间产物的扩散途径中，释放出的 H_2S 可以与 Cu^{2+} 发生反应形成 CuS，如图 2-62 所示。这个假设与本书的黄铜矿浸出动力学和电化学研究结果是一致的，黄铜矿在阳极溶解过程中形成了两个中间产物。在低电位区，这些中间产物形成钝化层，其传输速率与 Sato Cohen 所说的钝化模型密切相关。除了 CuS 外，Cu_5FeS_4 中间产物在报道中也被检测到。虽然 CuS 的溶解速度比 $CuFeS_2$ 快，但还是比 Cu_2S 的溶解速度慢很多，这可能是黄铜矿即使磨成很细的颗粒其浸出速度还是很慢的原因。

因此，与 Cu_2S 相比，Cu^{2+} 与 H_2S 反应更容易形成 CuS。通过很低的 Cu^{2+} 浓度形成 CuS，可以将 H_2S 的浓度限制在一个非常低的水平。另外，加入一定量的 Cu^{2+} 有利于形成中间产物 Cu_5FeS_4 和 CuS 的非氧化溶解路线。

2.6.3.2 Fe^{3+}、Fe^{2+} 和 H_2S 的平衡浓度

Fe^{3+}、Fe^{2+} 和 H_2S 之间可能发生的生成 FeS、Fe_2S_3 和单质硫的反应如下：

$$Fe^{2+} + H_2S \Longrightarrow FeS + 2H^+$$

$$\Delta G_{14}^\ominus = -2.303 × 8.314 × 298 × \lg[c_{H^+}^2/(c_{Fe^{2+}} \cdot c_{H_2S})] = 18166J \quad (2-35)$$

$$2Fe^{3+} + 3H_2S \Longrightarrow Fe_2S_3 + 6H^+$$

$$\Delta G_{15}^\ominus = -2.303 × 8.314 × 298 × \lg[c_{H^+}^6/(c_{Fe^{3+}}^2 \cdot c_{H_2S}^3)] = -160283J$$

$$(2-36)$$

$$2Fe^{3+} + H_2S \Longrightarrow 2Fe^{2+} + S + 2H^+$$

$$\Delta G_{16}^\ominus = -2.303 × 8.314 × 298 × \lg[c_{H^+}^2 \cdot c_{Fe^{2+}}^2/(c_{Fe^{3+}} \cdot c_{H_2S})] = -120082J$$

$$(2-37)$$

反应（2-35）~反应（2-37）对溶液中 H_2S 浓度都存在限制。其中，反应（2-37）提供了降低 H_2S 浓度最有效的路径，并且这种趋势随着 pH 值和 $c_{Fe^{3+}}/c_{Fe^{2+}}$ 比值的增加而增加（见图 2-64）。即使在最不利的情况下，如 pH=0 和 Fe^{3+}、Fe^{2+} 都是 $1×10^{-3}$mol/L 的条件下，平衡 H_2S 的浓度仍然低至 $1×10^{-15.04}$mol/L。在控制水溶 H_2S 浓度方面，反应（2-37）比反应（2-34）更有效。例如，在 pH=2、Fe^{2+} 浓

度为 0.1mol/L 的条件下，$CuFeS_2$ 分解为 Cu_5FeS_4 得到的平衡 H_2S 浓度为 $1\times10^{-6.479}$mol/L 时，Fe^{3+} 浓度 1×10^{-4}mol/L 就足以将 H_2S 浓度降低到 $1\times10^{-19.04}$mol/L，相比通过 1×10^{-2}mol/L 的 Cu^{2+} 形成 CuS 得到的 $1\times10^{-17.23}$mol/L 低很多。这说明在黄铜矿浸出过程中，如果有足够的 Fe^{3+} 存在，通过非氧化溶解形成的 H_2S 产物将被氧化成元素硫，而不是形成 CuS。

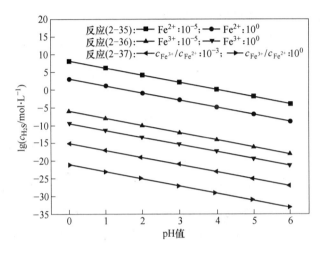

图 2-64　H_2S 浓度与 Fe^{2+}、Fe^{3+} 在不同浓度下的平衡

另外，当 Fe^{3+} 浓度很高时，会扩散到中间产物的裂缝中。H_2S 不仅可以在溶液中被氧化成单质硫，而且可以在中间产物的裂缝中被氧化成单质硫。由此产生的单质硫填满了 H_2S 和 H^+ 的扩散通道，阻碍了进一步的非氧化溶解反应。这说明过量的 Fe^{3+} 浓度也会延缓黄铜矿的溶解。这一推论与黄铜矿浸出具有最佳氧化还原电位的现象是一致的。溶液电位与 $c_{Fe^{3+}}/c_{Fe^{2+}}$ 比值成正比，加入一定量的 Fe^{2+} 会降低氧化还原电位，Fe^{3+} 扩散到中间产物的缝隙中，阻止 H_2S 产物在扩散通道被氧化。这与 Silvester 得到的现象是一致的[69]。第一次从溶液中析出的硫化铜溶液呈金棕色。电子衍射研究表明，这些颗粒是一种非晶状的铜蓝，XPS 分析表明铜只以 Cu^+ 的形式存在。随着时间的推移，在更高的温度下有更高的生成速率，这些溶液变成绿色同时形成晶体。此外，高的 Fe^{3+} 浓度和溶液氧化还原电位，通过电位高于黄铜矿的静息电位的途径也可以抑制非氧化溶解路线，这也说明了黄铜矿溶解存在最佳电位范围。这也可以解释铁比铜先溶解的现象。当浸出初期存在一定量的 Cu^{2+} 和 Fe^{2+} 时，裂缝中有足够的 Cu^{2+} 与 H_2S 反应形成 Cu。同时，Fe^{2+} 的浓度也可以通过降低裂缝中的电位来延缓氧化反应。因此，CuS 的氧化在矿物颗粒表面，H_2S 在溶液中氧化。如果是这样，即使在氧化气氛下，黄铜

矿的溶解过程也会发生非氧化溶解，这与 Liu 等人的研究结果一致[70]。纯黄铜矿粉末样品分别在氧气和氩气气氛下浸出，溶液酸度对氩气和氧气环境下的非氧化溶解反应速率都有很大的影响。低 pH 值导致浸出黄铜矿颗粒表面 Cu/Fe 的比例较高，说明黄铜矿中铁的释放优先于铜。同时，氧的存在降低了浸出黄铜矿颗粒表面 Cu/Fe 的比例，说明铜的释放是由于氧的氧化作用。

2.6.4　次生硫化铜在硫酸溶液中的溶解

整个黄铜矿浸出过程包括次生硫化铜的生成和这些中间产物的进一步溶解，无论是在非氧化溶解机制还是氧化溶解机制中，Cu_5FeS_4 和 CuS 都是最可能的中间产物，且 Cu_5FeS_4 都比 CuS 更有可能成为中间产物。当黄铜矿通过氧化溶解机制溶解时，中间产物 Cu_5FeS_4 和 CuS 在黄铜矿表面共同形成，产物元素硫均匀混合到中间产物 Cu_5FeS_4 和 CuS 中，Fe^{2+} 生成物穿过中间产物钝化层扩散到溶液中，电子通过半导体中间产物层从黄铜矿表面转移为 Fe^{3+}。而在非氧化溶出机制中，H^+ 从原液经中间层向黄铜矿表面转移，H_2S 和 Fe^{2+} 产物从黄铜矿表面扩散到溶液中，留在黄铜矿表面的最可能的初始中间体还是 Cu_5FeS_4 和 CuS，释放出的 H_2S 可能与 Cu^{2+} 形成 CuS，也可能被 Fe^{3+} 氧化成单质硫。单质硫的生成由 H_2S 的扩散速率、Fe^{3+} 向中间层的扩散速率和 H_2S 与 Fe^{3+} 反应生成单质硫的氧化反应速率决定。

2.6.4.1　次生硫化铜在硫酸溶液中的非氧化溶解

由于铜离子在硫酸盐溶液中不稳定，因此 Cu_5FeS_4 中间产物的溶解路线往往伴随着电子的转移，次生硫化铜的非氧化溶解仅限于铜蓝，已经形成的 CuS 中间产物可能被非氧化溶解消耗，如式（2-38）所示。H_2S 产物被 Fe^{3+} 氧化成元素硫，如式（2-37）所示。然后，可以从 CuS 中释放 Cu^{2+}，这为 CuS 中间产物提供了一种非氧化溶解路径。

$$CuS + 2H^+ \Longrightarrow Cu^{2+} + H_2S \qquad (2-38)$$

以这种方式溶解铜中间产物 CuS 和氧化的 H_2S 会有另一个问题。当 H_2S 在溶液中发生氧化时，H_2S 的分解非常快，生成的单质硫在溶液中悬浮，对黄铜矿的进一步溶解有一定影响。然而，当生成的 H_2S 在中间产物 Cu_5FeS_4 阶段的扩散通道发生氧化反应时，H_2S 的分解非常缓慢，生成的单质硫会堵塞中间产物的扩散通道。这将导致反应（2-38）的终止，铁离子对 CuS 的直接氧化也会终止，因为单质硫产物同时阻止了 H^+ 和 Fe^{3+} 反应物的传递。非氧化溶解平衡时的 H_2S 的浓度很低，所以无氧参与的溶解路径对 CuS 的溶解影响不大。

2.6.4.2　次生硫化铜在硫酸溶液中的氧化溶解

根据氧化反应机理，中间产物也会进一步溶解。可能的氧化反应见表 2-45。它们之间的电位和金属离子浓度的关系如图 2-65 所示，Cu_3FeS_4 并不是 Cu_5FeS_4（E_{06}）氧化过程中可能的中间产物。Cu_5FeS_4 很难直接氧化成 Cu^{2+}、Fe^{2+} 和单质硫（E_{07-1} 和 $E_{07-0.01}$）。在 Fe^{2+} 浓度为 1mol/L 或者 0.01mol/L 的情况下，Cu_5FeS_4 分解成 CuS（E_{08-1} 和 $E_{08-0.01}$）的电位低于其他反应。这意味着 Cu_5FeS_4 的氧化分解可能包括两个步骤，CuS 和 Cu^{2+} 产物依次产生。在这两个步骤时，CuS 的分解电位较高（E_{05}），这意味着最难的氧化步骤是 CuS 的溶解。从这个角度看，无论黄铜矿的浸出是处于非氧化溶出机制还是氧化溶出机制，都是 CuS 的分解反应需要最高的电位。如果黄铜矿的溶解速率比斑铜矿的溶解速率慢，那么是其他的过程，如传质过程和 $CuFeS_2$ 最初分解成中间产物的过程，减缓了黄铜矿的溶解速率。

表 2-45　硫酸溶液中的氧化溶解的次生硫化铜

路线	化学反应	平衡电位
5	$CuS \Longrightarrow S + Cu^{2+} + 2e$	$E_{05} = 0.598 + 0.0295 \lg c_{Cu^{2+}}$
6	$Cu_5FeS_4 \Longrightarrow Cu_3FeS_4 + 2Cu^{2+} + 4e$	$E_{06} = 0.543 + 0.0295 \lg c_{Cu^{2+}}$
7	$Cu_5FeS_4 \Longrightarrow 5Cu^{2+} + Fe^{2+} + 4S + 12e$	$E_{07} = 0.543 + 0.0246 \lg c_{Cu^{2+}} + 0.00492 \lg c_{Fe^{2+}}$
8	$Cu_5FeS_4 \Longrightarrow 4CuS + Fe^{2+} + Cu^{2+} + 4e$	$E_{08} = 0.432 + 0.0148 \lg c_{Cu^{2+}} + 0.0148 \lg c_{Fe^{2+}}$

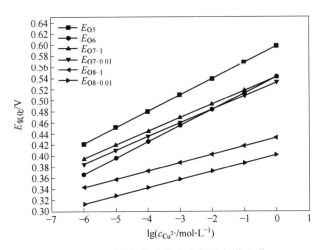

图 2-65　不同氧化路线的斑铜矿氧化电位

通过对比分析，$CuFeS_2$ 的四种原始分解路线的电位均低于斑铜矿的分解电位，$CuFeS_2$ 直接分解成 Cu^{2+}、Fe^{2+} 和单质硫的电位低于 0.426V。而即使在 Cu^{2+} 为 1×10^{-6} mol/L 的情况下，CuS 的分解电位为 0.421V，当 Cu^{2+} 浓度为 1×10^{-1} mol/L 时，其分解电位将增加到 0.569V。这意味着当形成的 CuS 开始分解时，黄铜矿浸出的四种原始反应路线都有可能发生。而溶液的氧化还原电位可能比黄铜矿表面的氧化还原电位要高，氧化还原电位更接近中间产物表面的氧化还原电位。也就是说，在中间产物层有一个电位梯度，$CuFeS_2$ 不可能大规模地直接氧化成 Cu^{2+}、Fe^{2+} 和单质硫。另外，低电位并且暴露于溶液中时，可能的中间产物斑铜矿很容易被氧化成 CuS。因此，大多数的研究都是在浸出的黄铜矿颗粒表面检测到 CuS 中间产物，而不是在斑铜矿表面。

　　综上所述，通过黄铜矿加压基础热力学分析并结合动力学实验结果，我们认为黄铜矿的溶解过程可分为两个步骤，第一个溶解步骤可以发生在非氧化溶解途径，也可以发生在氧化溶解途径。Cu_5FeS_4 和 CuS 在氧化溶解途径和非氧化溶解途径中都是最有可能的中间产物。在初步溶解阶段，Cu_5FeS_4 比 CuS 更可能是中间产物。在中间产物 Cu_5FeS_4 的裂缝中，也可以发现由 H_2S 与 Cu^{2+} 反应形成的次生中间产物 CuS。第二步是中间产物的分解，释放出 Cu^{2+}、Fe^{2+}，形成单质硫。中间产物 Cu_5FeS_4 首先通过氧化途径转化为 CuS，CuS 是唯一的最终中间产物，可通过氧化溶解途径或非氧化溶解途径进行溶解。然而，由于 H_2S 与 CuS 的平衡浓度极低，非氧化溶解途径对 CuS 的分解作用可能不如氧化溶解途径重要。当黄铜矿在氧化溶解机制中溶解时，在黄铜矿初始溶解过程中形成的单质硫与 Cu_5FeS_4、CuS 等中间产物均匀混合。而在非氧化溶解机制中，H_2S 产物可通过扩散途径被氧化成单质硫，也可在溶液中被氧化成单质硫。单质硫的生成由 H_2S 的扩散速率、Fe^{3+} 向中间产物层的扩散速率、H_2S 与 Fe^{3+} 反应生成单质硫的氧化反应速率决定。添加 Cu^{2+} 可以生成 CuS，阻止单质硫堵塞扩散通道。加入 Fe^{2+} 也可以达到同样的效果，Fe^{2+} 可以维持一个适当的氧化还原电位，防止 H_2S 在扩散通道被 Fe^{3+} 氧化。

3 砷黄铁矿加压浸出

3.1 砷黄铁矿物理化学性质

砷黄铁矿，又名毒砂，是分布最广的一种硫砷化物。其化学结构或分子式为FeAsS，属单斜晶系斜方柱晶类的硫化物矿物，常呈柱状、针状等集合体（见图3-1）。莫氏硬度是5.5~6.0，密度为5.89~6.20g/cm³。砷黄铁矿为锡白色至钢灰色，条痕灰黑色，具有金属光泽，不透明。砷黄铁矿常产于高温热液矿床、伟晶岩及交代矿床中。由于砷黄铁矿和黄铁矿常与金矿伴生，金呈细粒或微细粒被包裹于砷黄铁矿中，导致采用常规氰化工艺很难浸出。因此，这类难处理金矿通常采用焙烧、生物氧化或加压氧化预处理工艺，全部或部分氧化包裹金的黄铁矿和砷黄铁矿，使金暴露而易于后续氰化回收[71~73]。

图 3-1　砷黄铁矿晶体图片

针对国内某黄金矿山产出的含砷黄铁矿样品进行 XRF 定性分析，结果见表 3-1，化学定量分析结果见表 3-2，XRD 分析结果如图 3-2 所示。上述分析结果表明，该矿样以砷黄铁矿为主，同时石英和黄铁矿为主要伴生矿物。本章后续浸出实验即采用该矿样进行。

表 3-1   砷黄铁矿的 XRF 定性分析结果

成分	SiO_2	Al_2O_3	Fe_2O_3	SO_3	As_2O_3	K_2O	MgO	CaO
含量/%	39.31	11.54	17.60	13.41	6.51	2.92	1.89	4.63

表 3-2   各粒度砷黄铁矿的定量分析结果

成分	TFe	As	S	Si
含量/%	17.21	5.35	16.00	18.87

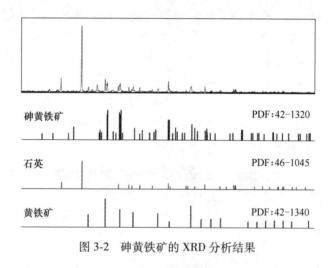

图 3-2   砷黄铁矿的 XRD 分析结果

3.2   砷黄铁矿浸出热力学基础

在酸性介质中，砷黄铁矿的加压氧化过程发生的主要反应如下：

$$FeAsS + 7Fe^{3+} + 4H_2O \longrightarrow AsO_3^{3-} + 8Fe^{2+} + S^0 + 8H^+ \tag{3-1}$$

$$FeAsS + 13Fe^{3+} + 8H_2O \longrightarrow AsO_3^{3-} + 14Fe^{2+} + SO_4^{2-} + 16H^+ \tag{3-2}$$

$$4Fe^{2+} + O_2 + 4H^+ \longrightarrow 4Fe^{3+} + 2H_2O \tag{3-3}$$

其中，铁离子是硫化矿氧化反应的氧化剂或氧的传递剂，对硫化矿物的氧化分解有促进作用。低酸度条件下，铁离子发生水解，形成水合氧化铁，或者发生成矾反应，形成碱式硫酸铁、水合氢黄钾铁矾沉淀，反应如下：

$$2Fe^{3+} + (3 + n)H_2O \longrightarrow Fe_2O_3 \cdot nH_2O + 6H^+ \tag{3-4}$$

$$Fe^{3+} + SO_4^{2-} + H_2O \longrightarrow Fe(OH)SO_4 + H^+ \tag{3-5}$$

$$3Fe^{3+} + 2SO_4^{2-} + 7H_2O \longrightarrow (H_3O)Fe_3(SO_4)_2(OH)_6 \downarrow + 5H^+$$

$$(3-6)$$

砷化合物氧化生成的砷酸根生成砷酸铁或臭葱石沉淀，反应如下：

$$Fe^{3+} + AsO_4^{3-} \longrightarrow FeAsO_4 \downarrow \qquad (3-7)$$

$$Fe^{3+} + AsO_4^{3-} + H_2O \longrightarrow FeAsO_4 \cdot H_2O \downarrow \qquad (3-8)$$

目前国内外研究中针对升温条件下 FeAsS-H_2O 系的电位-pH 图的研究还不完善[74~77]，因此本章通过热力学计算得到不同温度条件下各个物质的生成吉布斯自由能 $\Delta G_T^\ominus$，再通过能斯特方程建立体系中各个反应的电位与 pH 值的关系，进而绘制不同温度条件下的电位-pH 图。根据文献中热力学数据[78~82]，FeAsS-H_2O 体系中各温度下主要物质的自由能 $G_T^\ominus$ 计算结果见表 3-3。在 FeAsS-H_2O 体系中可能发生的相关反应（共计 36 个）列于表 3-4~表 3-39。

表 3-3 不同温度下 FeAsS-H_2O 系主要物质的自由能 $G_T^\ominus$

成分	$G_T^\ominus$ /kJ · mol^{-1}								
	$G_{25}^\ominus$	$G_{80}^\ominus$	$G_{120}^\ominus$	$G_{130}^\ominus$	$G_{140}^\ominus$	$G_{150}^\ominus$	$G_{160}^\ominus$	$G_{170}^\ominus$	$G_{180}^\ominus$
As	-10.5	-12.5	-14.1	-14.6	-15.0	-15.4	-15.9	-16.3	-16.8
Fe	-8.1	-9.8	-11.1	-11.4	-11.8	-12.2	-12.5	-12.9	-13.3
H$^+$	6.2	6.9	6.7	6.5	6.3	6.0	5.7	5.3	4.9
H$_2$	-38.9	-46.3	-51.8	-53.1	-54.5	-55.9	-57.4	-58.8	-60.2
O$_2$	-61.1	-72.6	-81.0	-83.2	-85.3	-87.5	-89.6	-91.8	-94.0
S	-9.6	-11.4	-12.9	-13.3	-13.7	-14.1	-14.5	-14.9	-15.3
e	-25.7	-30.0	-32.5	-33.1	-33.5	-34.0	-34.4	-34.7	-35.0
AsH$_3$	0.0	-12.4	-21.7	-24.0	-26.4	-28.8	-31.2	-33.5	-35.9
AsO$_4^{3-}$	-858.3	-849.4	-838.4	-835.1	-831.5	827.7	-823.6	-819.2	-814.6
Fe(OH)$_2$	-600.2	-605.5	-609.9	-611.1	-612.3	-613.5	-614.7	-616.0	-617.3
Fe(OH)$_3$	-864.2	-870.4	-875.6	-876.9	-878.3	-879.8	-881.2	-882.7	-884.2
Fe^{2+}	-35.6	-27.0	-22.5	-21.6	-20.9	-20.2	-19.6	-19.1	-18.7
Fe^{3+}	64.4	83.4	94.8	97.3	99.7	102.0	104.1	106.1	107.9
FeAsO$_4$	-913.5	-922.9	-930.5	-932.4	-934.4	-936.4	-938.5	-940.6	-942.7
FeAsS	-164.8	-168.9	-172.2	-173.1	-174.0	-175.0	-175.9	-176.9	-177.8
H$_2$AsO$_3^-$	-754.0	-760.9	-765.6	-766.7	-767.8	-768.8	-769.9	-770.9	-771.9
H$_2$AsO$_4^-$	-950.7	-958.1	-963.2	-964.5	-965.7	-966.9	-968.1	-969.3	-970.5
H$_2$O	-306.7	-310.7	-313.8	-314.6	-315.4	-316.2	-317.0	-317.9	-318.7
H$_2$S	-81.9	-93.4	-102.0	-104.1	-106.3	-108.5	-110.6	-112.8	-115.0
H$_3$AsO$_3$	-800.3	-811.0	-818.8	-820.8	-822.7	-824.7	-826.6	-828.6	-830.5

成分	$G_T^{\ominus}/\text{kJ} \cdot \text{mol}^{-1}$								
	$G_{25}^{\ominus}$	$G_{80}^{\ominus}$	$G_{120}^{\ominus}$	$G_{130}^{\ominus}$	$G_{140}^{\ominus}$	$G_{150}^{\ominus}$	$G_{160}^{\ominus}$	$G_{170}^{\ominus}$	$G_{180}^{\ominus}$
H_3AsO_4	-957.5	-967.7	-975.0	-976.9	-978.7	-980.6	-982.4	-984.2	-986.1
$HAsO_3^{2-}$	-697.3	-696.6	-693.3	-692.1	-690.8	-689.3	-687.6	-685.8	-683.8
$HAsO_4^{2-}$	-918.3	-918.6	-916.4	-915.5	-914.4	-913.3	-911.9	-910.5	-908.9
HS^-	-42.7	-46.4	-47.6	-47.7	-47.7	-47.6	-47.5	-47.2	-46.9
HSO_4^-	-932.4	-940.9	-947.1	-948.7	-950.3	-951.9	-953.5	-955.1	-956.6
S^{2-}	25.0	24.6	25.8	26.3	26.9	27.6	28.3	29.2	30.1
SO_4^{2-}	-927.3	-928.7	-927.1	-926.4	-925.5	-924.5	-923.3	-922.0	-920.5

表 3-4   FeAsS-H$_2$O 系中反应 1 在不同温度下的平衡方程

反应 1	反应方程			$Fe^{2+} + 2e \Longrightarrow Fe$					
	电位-pH 方程			$E = E^{\ominus} + A\lg c_{Fe^{2+}}$					
$T/℃$	25	80	120	130	140	150	160	170	180
$E^{\ominus}/\text{kJ} \cdot \text{mol}^{-1}$	-0.409	-0.401	-0.397	-0.396	-0.395	-0.394	-0.393	-0.392	-0.391
A	0.030	0.035	0.039	0.040	0.041	0.042	0.043	0.044	0.045

表 3-5   FeAsS-H$_2$O 系中反应 2 在不同温度下的平衡方程

反应 2	反应方程			$Fe^{3+} + e \Longrightarrow Fe^{2+}$					
	电位-pH 方程			$E = E^{\ominus} + A\lg(c_{Fe^{3+}}/c_{Fe^{2+}})$					
$T/℃$	25	80	120	130	140	150	160	170	180
$E^{\ominus}/\text{kJ} \cdot \text{mol}^{-1}$	0.769	0.833	0.879	0.890	0.902	0.914	0.925	0.937	0.949
A	0.059	0.070	0.078	0.080	0.082	0.084	0.086	0.088	0.090

表 3-6   FeAsS-H$_2$O 系中反应 3 在不同温度下的平衡方程

反应 3	反应方程			$Fe(OH)_3 + 3H^+ + e \Longrightarrow Fe^{2+} + 3H_2O$					
	电位-pH 方程			$E = E^{\ominus} - A\lg c_{Fe^{2+}} - B \cdot pH$					
$T/℃$	25	80	120	130	140	150	160	170	180
$E^{\ominus}/\text{kJ} \cdot \text{mol}^{-1}$	0.875	0.822	0.785	0.776	0.767	0.757	0.748	0.738	0.729
A	0.059	0.070	0.078	0.080	0.082	0.084	0.086	0.088	0.090
B	0.177	0.210	0.234	0.240	0.246	0.252	0.258	0.264	0.270

表 3-7 FeAsS-H$_2$O 系中反应 4 在不同温度下的平衡方程

反应 4	反应方程			$Fe(OH)_3 + H^+ + e \Longrightarrow Fe(OH)_2 + H_2O$					
	电位-pH 方程			$E = E^{\ominus} - B \cdot pH$					
$T/℃$	25	80	120	130	140	150	160	170	180
$E^{\ominus}/kJ \cdot mol^{-1}$	0.241	0.234	0.230	0.229	0.228	0.227	0.226	0.225	0.225
B	0.059	0.070	0.078	0.080	0.082	0.084	0.086	0.088	0.090

表 3-8 FeAsS-H$_2$O 系中反应 5 在不同温度下的平衡方程

反应 5	反应方程			$Fe(OH)_3 + H_2AsO_4^- + H^+ \Longrightarrow FeAsO_4 + 3H_2O$					
	电位-pH 方程			$pH = lgK^{\ominus} + lgc_{H_2AsO_4^-}$					
$T/℃$	25	80	120	130	140	150	160	170	180
$lgK^{\ominus}$	4.364	4.936	5.270	5.342	5.411	5.475	5.535	5.591	5.643

表 3-9 FeAsS-H$_2$O 系中反应 6 在不同温度下的平衡方程

反应 6	反应方程			$H_3AsO_3 + 3H^+ + 3e \Longrightarrow As + 3H_2O$					
	电位-pH 方程			$E = E^{\ominus} + Algc_{H_3AsO_3} - B \cdot pH$					
$T/℃$	25	80	120	130	140	150	160	170	180
$E^{\ominus}/kJ \cdot mol^{-1}$	0.248	0.222	0.204	0.200	0.196	0.191	0.187	0.184	0.180
A	0.020	0.023	0.026	0.027	0.027	0.028	0.029	0.029	0.030
B	0.059	0.070	0.078	0.080	0.082	0.084	0.086	0.088	0.090

表 3-10 FeAsS-H$_2$O 系中反应 7 在不同温度下的平衡方程

反应 7	反应方程			$H_3AsO_4 + 2H^+ + 2e \Longrightarrow H_3AsO_3 + H_2O$					
	电位-pH 方程			$E = E^{\ominus} + Alg(c_{H_3AsO_4}/c_{H_3AsO_3}) - B \cdot pH$					
$T/℃$	25	80	120	130	140	150	160	170	180
$E^{\ominus}/kJ \cdot mol^{-1}$	0.573	0.559	0.548	0.546	0.543	0.541	0.539	0.536	0.534
A	0.030	0.035	0.039	0.040	0.041	0.042	0.043	0.044	0.045
B	0.059	0.070	0.078	0.080	0.082	0.084	0.086	0.088	0.090

表 3-11 FeAsS-H$_2$O 系中反应 8 在不同温度下的平衡方程

反应 8	反应方程			$H_2AsO_4^- + 3H^+ + 2e \Longrightarrow H_3AsO_3 + H_2O$					
	电位-pH 方程			$E = E^{\ominus} + Alg(c_{H_2AsO_4^-}/c_{H_3AsO_3}) - B \cdot pH$					
$T/℃$	25	80	120	130	140	150	160	170	180
$E^{\ominus}/kJ \cdot mol^{-1}$	0.641	0.644	0.644	0.644	0.643	0.643	0.642	0.641	0.640

续表 3-11

反应 8	反应方程			$H_2AsO_4^- + 3H^+ + 2e \Longrightarrow H_3AsO_3 + H_2O$					
	电位-pH 方程			$E = E^\ominus + A\lg(c_{H_2AsO_4^-}/c_{H_3AsO_3}) - B \cdot pH$					
A	0.030	0.035	0.039	0.040	0.041	0.042	0.043	0.044	0.045
B	0.089	0.105	0.117	0.120	0.123	0.126	0.129	0.132	0.135

表 3-12　FeAsS-H$_2$O 系中反应 9 在不同温度下的平衡方程

反应 9	反应方程			$HAsO_4^{2-} + H^+ \Longrightarrow H_2AsO_4^-$					
	电位-pH 方程			$pH = \lg K^\ominus + \lg(c_{HAsO_4^{2-}}/c_{H_2AsO_4^-})$					
$T/℃$	25	80	120	130	140	150	160	170	180
$\lg K^\ominus$	6.763	6.857	7.110	7.191	7.277	7.369	7.467	7.568	7.675

表 3-13　FeAsS-H$_2$O 系中反应 10 在不同温度下的平衡方程

反应 10	反应方程			$HAsO_4^{2-} + 4H^+ + 2e \Longrightarrow H_3AsO_3 + H_2O$					
	电位-pH 方程			$E = E^\ominus + A\lg(c_{HAsO_4^{2-}}/c_{H_3AsO_3}) - B \cdot pH$					
$T/℃$	25	80	120	130	140	150	160	170	180
$E^\ominus/kJ \cdot mol^{-1}$	0.841	0.884	0.921	0.931	0.942	0.952	0.963	0.974	0.985
A	0.030	0.035	0.039	0.040	0.041	0.042	0.043	0.044	0.045
B	0.118	0.140	0.156	0.160	0.164	0.168	0.172	0.176	0.180

表 3-14　FeAsS-H$_2$O 系中反应 11 在不同温度下的平衡方程

反应 11	反应方程			$H_2AsO_3^- + H^+ \Longrightarrow H_3AsO_3$					
	电位-pH 方程			$pH = \lg K^\ominus + \lg(c_{H_2AsO_3^-}/c_{H_3AsO_3})$					
$T/℃$	25	80	120	130	140	150	160	170	180
$\lg K^\ominus$	9.216	8.437	7.965	7.855	7.747	7.641	7.537	7.434	7.333

表 3-15　FeAsS-H$_2$O 系中反应 12 在不同温度下的平衡方程

反应 12	反应方程			$HAsO_4^{2-} + 3H^+ + 2e \Longrightarrow H_2AsO_3^- + H_2O$					
	电位-pH 方程			$E = E^\ominus + A\lg(c_{HAsO_4^{2-}}/c_{H_2AsO_3^-}) - B \cdot pH$					
$T/℃$	25	80	120	130	140	150	160	170	180
$E^\ominus/kJ \cdot mol^{-1}$	0.568	0.589	0.611	0.617	0.624	0.631	0.639	0.647	0.655
A	0.030	0.035	0.039	0.040	0.041	0.042	0.043	0.044	0.045
B	0.089	0.105	0.117	0.120	0.123	0.126	0.129	0.132	0.135

表 3-16　FeAsS-H$_2$O 系中反应 13 在不同温度下的平衡方程

反应 13	反应方程			$AsO_4^{3-} + H^+ \rightleftharpoons HAsO_4^{2-}$					
	电位-pH 方程			$pH = \lg K^{\ominus} + \lg(c_{AsO_4^{3-}}/c_{HAsO_4^{2-}})$					
$T/\text{℃}$	25	80	120	130	140	150	160	170	180
$\lg K^{\ominus}$	11.610	11.269	11.244	11.260	11.282	11.311	11.346	11.386	11.432

表 3-17　FeAsS-H$_2$O 系中反应 14 在不同温度下的平衡方程

反应 14	反应方程			$As + 3H^+ + 3e \rightleftharpoons AsH_3$					
	电位-pH 方程			$E = E^{\ominus} - A\lg c_{AsH_3} - B \cdot pH$					
$T/\text{℃}$	25	80	120	130	140	150	160	170	180
$E^{\ominus}/\text{kJ} \cdot \text{mol}^{-1}$	−0.238	−0.240	−0.242	−0.243	−0.243	−0.244	−0.244	−0.245	−0.246
A	0.020	0.023	0.026	0.027	0.027	0.028	0.029	0.029	0.030
B	0.059	0.070	0.078	0.080	0.082	0.084	0.086	0.088	0.090

表 3-18　FeAsS-H$_2$O 系中反应 15 在不同温度下的平衡方程

反应 15	反应方程			$FeAsO_4 + 3H^+ \rightleftharpoons Fe^{3+} + H_3AsO_4$					
	电位-pH 方程			$pH = (1/3)\lg K^{\ominus} - (1/3)\lg(c_{Fe^{3+}} \cdot c_{H_2AsO_4})$					
$T/\text{℃}$	25	80	120	130	140	150	160	170	180
$\lg K^{\ominus}$	−0.277	−2.652	−4.018	−4.327	−4.626	−4.916	−5.198	−5.472	−5.739

表 3-19　FeAsS-H$_2$O 系中反应 16 在不同温度下的平衡方程

反应 16	反应方程			$FeAsO_4 + 3H^+ + e \rightleftharpoons Fe^{2+} + H_3AsO_4$					
	电位-pH 方程			$E = E^{\ominus} - A\lg(c_{Fe^{2+}} \cdot c_{H_3AsO_4}) - B \cdot pH$					
$T/\text{℃}$	25	80	120	130	140	150	160	170	180
$E^{\ominus}/\text{kJ} \cdot \text{mol}^{-1}$	0.753	0.647	0.565	0.544	0.523	0.501	0.479	0.456	0.433
A	0.059	0.070	0.078	0.080	0.082	0.084	0.086	0.088	0.090
B	0.177	0.210	0.234	0.240	0.246	0.252	0.258	0.264	0.270

表 3-20　FeAsS-H$_2$O 系中反应 17 在不同温度下的平衡方程

反应 17	反应方程			$FeAsO_4 + 5H^+ + 3e \rightleftharpoons Fe^{2+} + H_3AsO_3 + H_2O$					
	电位-pH 方程			$E = E^{\ominus} - A\lg(c_{Fe^{2+}} \cdot c_{H_3AsO_3}) - B \cdot pH$					
$T/\text{℃}$	25	80	120	130	140	150	160	170	180
$E^{\ominus}/\text{kJ} \cdot \text{mol}^{-1}$	0.633	0.588	0.554	0.545	0.537	0.528	0.519	0.509	0.500
A	0.020	0.023	0.026	0.027	0.027	0.028	0.029	0.029	0.030
B	0.099	0.117	0.130	0.133	0.137	0.140	0.143	0.147	0.150

表 3-21   FeAsS-H$_2$O 系中反应 18 在不同温度下的平衡方程

反应 18	反应方程			$FeAsO_4 + 2H^+ + 2e + 2H_2O \Longrightarrow Fe(OH)_3 + H_3AsO_3$					
	电位-pH 方程			$E = E^\ominus - Algc_{H_3AsO_3} - B \cdot pH$					
$T/℃$	25	80	120	130	140	150	160	170	180
$E^\ominus/kJ \cdot mol^{-1}$	0.512	0.471	0.439	0.430	0.422	0.413	0.404	0.395	0.386
A	0.030	0.035	0.039	0.040	0.041	0.042	0.043	0.044	0.045
B	0.059	0.070	0.078	0.080	0.082	0.084	0.086	0.088	0.090

表 3-22   FeAsS-H$_2$O 系中反应 19 在不同温度下的平衡方程

反应 19	反应方程			$HSO_4^- + 7H^+ + 6e \Longrightarrow S + 4H_2O$					
	电位-pH 方程			$E = E^\ominus + Algc_{HSO_4^-} - B \cdot pH$					
$T/℃$	25	80	120	130	140	150	160	170	180
$E^\ominus/kJ \cdot mol^{-1}$	0.334	0.313	0.298	0.294	0.290	0.285	0.281	0.277	0.273
A	0.010	0.012	0.013	0.013	0.014	0.014	0.014	0.015	0.015
B	0.069	0.082	0.091	0.093	0.096	0.098	0.100	0.103	0.105

表 3-23   FeAsS-H$_2$O 系中反应 20 在不同温度下的平衡方程

反应 20	反应方程			$SO_4^{2-} + H^+ \Longrightarrow HSO_4^-$					
	电位-pH 方程			$pH = lgK^\ominus + lg(c_{SO_4^{2-}}/c_{HSO_4^-})$					
$T/℃$	25	80	120	130	140	150	160	170	180
$lgK^\ominus$	1.979	2.825	3.545	3.735	3.928	4.124	4.323	4.525	4.729

表 3-24   FeAsS-H$_2$O 系中反应 21 在不同温度下的平衡方程

反应 21	反应方程			$S + 2H^+ + 2e \Longrightarrow H_2S$					
	电位-pH 方程			$E = E^\ominus - Algc_{H_2S} - B \cdot pH$					
$T/℃$	25	80	120	130	140	150	160	170	180
$E^\ominus/kJ \cdot mol^{-1}$	0.173	0.185	0.193	0.195	0.197	0.199	0.201	0.203	0.205
A	0.030	0.035	0.039	0.040	0.041	0.042	0.043	0.044	0.045
B	0.059	0.070	0.078	0.080	0.082	0.084	0.086	0.088	0.090

表 3-25   FeAsS-H$_2$O 系中反应 22 在不同温度下的平衡方程

反应 22	反应方程			$HS^- + H^+ \Longrightarrow H_2S$					
	电位-pH 方程			$pH = lgK^\ominus + lg(c_{HS^-}/c_{H_2S})$					
$T/℃$	25	80	120	130	140	150	160	170	180
$lgK^\ominus$	7.976	7.976	8.107	8.152	8.200	8.252	8.307	8.364	8.424

表 3-26　FeAsS-H₂O 系中反应 23 在不同温度下的平衡方程

反应 23	反应方程			$S^{2-} + H^+ \Longrightarrow HS^-$					
	电位-pH 方程			$pH = lgK^{\ominus} + lg(c_{S^{2-}}/c_{HS^-})$					
$T/{}^\circ\!C$	25	80	120	130	140	150	160	170	180
$lgK^{\ominus}$	12.945	11.522	10.640	10.432	10.229	10.029	9.832	9.638	9.447

表 3-27　FeAsS-H₂O 系中反应 24 在不同温度下的平衡方程

反应 24	反应方程			$Fe(OH)_3 + H_2AsO_3^- + SO_4^{2-} + 15H^+ + 12e \Longrightarrow$ $FeAsS + 10H_2O$					
	电位-pH 方程			$E = E^{\ominus} + Alg(c_{H_2AsO_3^-} \cdot c_{SO_4^{2-}}) - B \cdot pH$					
$T/{}^\circ\!C$	25	80	120	130	140	150	160	170	180
$E^{\ominus}/kJ \cdot mol^{-1}$	0.407	0.396	0.390	0.388	0.387	0.385	0.384	0.383	0.382
A	0.005	0.006	0.006	0.007	0.007	0.007	0.007	0.007	0.007
B	0.074	0.088	0.097	0.100	0.102	0.105	0.107	0.110	0.112

表 3-28　FeAsS-H₂O 系中反应 25 在不同温度下的平衡方程

反应 25	反应方程			$Fe(OH)_2 + HAsO_3^{2-} + SO_4^{2-} + 15H^+ + 11e \Longrightarrow$ $FeAsS + 9H_2O$					
	电位-pH 方程			$E = E^{\ominus} + Alg(c_{HAsO_3^{2-}} \cdot c_{SO_4^{2-}}) - B \cdot pH$					
$T/{}^\circ\!C$	25	80	120	130	140	150	160	170	180
$E^{\ominus}/kJ \cdot mol^{-1}$	0.481	0.478	0.479	0.479	0.480	0.480	0.481	0.482	0.483
A	0.005	0.006	0.007	0.007	0.007	0.008	0.008	0.008	0.008
B	0.081	0.096	0.106	0.109	0.112	0.114	0.117	0.120	0.123

表 3-29　FeAsS-H₂O 系中反应 26 在不同温度下的平衡方程

反应 26	反应方程			$Fe(OH)_2 + AsO_4^{3-} + SO_4^{2-} + 18H^+ + 13e \Longrightarrow$ $FeAsS + 10H_2O$					
	电位-pH 方程			$E = E^{\ominus} + Alg(c_{AsO_4^{3-}} \cdot c_{SO_4^{2-}}) - B \cdot pH$					
$T/{}^\circ\!C$	25	80	120	130	140	150	160	170	180
$E^{\ominus}/kJ \cdot mol^{-1}$	0.497	0.499	0.504	0.505	0.507	0.508	0.510	0.513	0.515
A	0.005	0.005	0.006	0.006	0.006	0.006	0.007	0.007	0.007
B	0.082	0.097	0.108	0.111	0.113	0.116	0.119	0.122	0.124

表 3-30 FeAsS-H$_2$O 系中反应 27 在不同温度下的平衡方程

反应 27	反应方程			$Fe^{2+} + As + S + 2e \Longrightarrow FeAsS$					
	电位-pH 方程			$E = E^{\ominus} + Alg c_{Fe^{2+}}$					
$T/℃$	25	80	120	130	140	150	160	170	180
$E^{\ominus}/kJ \cdot mol^{-1}$	0.299	0.300	0.298	0.298	0.297	0.297	0.296	0.296	0.296
A	0.030	0.035	0.039	0.040	0.041	0.042	0.043	0.044	0.045

表 3-31 FeAsS-H$_2$O 系中反应 28 在不同温度下的平衡方程

反应 28	反应方程			$Fe^{2+} + H_3AsO_3 + S + 3H^+ + 5e \Longrightarrow FeAsS + 3H_2O$					
	电位-pH 方程			$E = E^{\ominus} + Alg(c_{Fe^{2+}} \cdot c_{H_2AsO_3}) - B \cdot pH$					
$T/℃$	25	80	120	130	140	150	160	170	180
$E^{\ominus}/kJ \cdot mol^{-1}$	0.268	0.253	0.242	0.239	0.236	0.234	0.231	0.229	0.226
A	0.012	0.014	0.016	0.016	0.016	0.017	0.017	0.018	0.018
B	0.035	0.042	0.047	0.048	0.049	0.050	0.052	0.053	0.054

表 3-32 FeAsS-H$_2$O 系中反应 29 在不同温度下的平衡方程

反应 29	反应方程			$Fe^{2+} + H_3AsO_3 + SO_4^{2-} + 11H^+ + 11e \Longrightarrow FeAsS + 7H_2O$					
	电位-pH 方程			$E = E^{\ominus} + Alg(c_{Fe^{2+}} \cdot c_{H_3AsO_3} \cdot c_{SO_4^{2-}}) - B \cdot pH$					
$T/℃$	25	80	120	130	140	150	160	170	180
$E^{\ominus}/kJ \cdot mol^{-1}$	0.315	0.304	0.297	0.296	0.295	0.293	0.292	0.291	0.290
A	0.005	0.006	0.007	0.007	0.007	0.008	0.008	0.008	0.008
B	0.059	0.070	0.078	0.080	0.082	0.084	0.086	0.088	0.090

表 3-33 FeAsS-H$_2$O 系中反应 30 在不同温度下的平衡方程

反应 30	反应方程			$Fe(OH)_3 + H_3AsO_3 + SO_4^{2-} + 14H^+ + 12e \Longrightarrow$ $FeAsS + 10H_2O$					
	电位-pH 方程			$E = E^{\ominus} + Alg(c_{H_3AsO_3} \cdot c_{SO_4^{2-}}) - B \cdot pH$					
$T/℃$	25	80	120	130	140	150	160	170	180
$E^{\ominus}/kJ \cdot mol^{-1}$	0.361	0.347	0.338	0.336	0.334	0.332	0.330	0.328	0.327
A	0.005	0.006	0.006	0.007	0.007	0.007	0.007	0.007	0.007
B	0.069	0.082	0.091	0.093	0.096	0.098	0.100	0.103	0.105

表 3-34 FeAsS-H₂O 系中反应 31 在不同温度下的平衡方程

反应 31	反应方程			FeAsS + 5H⁺ + 5e ═══ Fe + AsH₃ + H₂S					
	电位-pH 方程			$E = E^{\ominus} - A\lg(c_{AsH_3} \cdot c_{H_2S}) - B \cdot pH$					
$T/℃$	25	80	120	130	140	150	160	170	180
$E^{\ominus}/kJ \cdot mol^{-1}$	-0.357	-0.350	-0.346	-0.345	-0.344	-0.343	-0.342	-0.341	-0.340
A	0.059	0.070	0.078	0.080	0.082	0.084	0.086	0.088	0.090
B	0.059	0.070	0.078	0.080	0.082	0.084	0.086	0.088	0.090

表 3-35 FeAsS-H₂O 系中反应 32 在不同温度下的平衡方程

反应 32	反应方程			FeAsS + 4H⁺ + 5e ═══ Fe + AsH₃ + HS⁻					
	电位-pH 方程			$E = E^{\ominus} - A\lg(c_{AsH_3} \cdot c_{HS^-}) - B \cdot pH$					
$T/℃$	25	80	120	130	140	150	160	170	180
$E^{\ominus}/kJ \cdot mol^{-1}$	-0.451	-0.462	-0.472	-0.475	-0.478	-0.481	-0.485	-0.488	-0.492
A	0.059	0.070	0.078	0.080	0.082	0.084	0.086	0.088	0.090
B	0.047	0.056	0.062	0.064	0.066	0.067	0.069	0.070	0.072

表 3-36 FeAsS-H₂O 系中反应 33 在不同温度下的平衡方程

反应 33	反应方程			FeAsS + 3H⁺ + 5e ═══ Fe + AsH₃ + S²⁻					
	电位-pH 方程			$E = E^{\ominus} - A\lg(c_{AsH_3} \cdot c_{S^{2-}}) - B \cdot pH$					
$T/℃$	25	80	120	130	140	150	160	170	180
$E^{\ominus}/kJ \cdot mol^{-1}$	-0.604	-0.623	-0.638	-0.642	-0.646	-0.650	-0.654	-0.658	-0.661
A	0.059	0.070	0.078	0.080	0.082	0.084	0.086	0.088	0.090
B	0.035	0.042	0.047	0.048	0.049	0.050	0.052	0.053	0.054

表 3-37 FeAsS-H₂O 系中反应 34 在不同温度下的平衡方程

反应 34	反应方程			FeAsS + 5H⁺ + 3e ═══ Fe²⁺ + AsH₃ + H₂S					
	电位-pH 方程			$E = E^{\ominus} - A\lg(c_{AsH_3} \cdot c_{H_2S} \cdot c_{Fe^{2+}}) - B \cdot pH$					
$T/℃$	25	80	120	130	140	150	160	170	180
$E^{\ominus}/kJ \cdot mol^{-1}$	-0.322	-0.317	-0.312	-0.311	-0.310	-0.309	-0.308	-0.307	-0.306
A	0.020	0.023	0.026	0.027	0.027	0.028	0.029	0.029	0.030
B	0.099	0.117	0.130	0.133	0.137	0.140	0.143	0.147	0.150

表 3-38   FeAsS-H₂O 系中反应 35 在不同温度下的平衡方程

反应 35	反应方程			$AsO_4^{3-} + 2e + 3H^+ \Longrightarrow HAsO_3^{2-} + H_2O$					
	电位-pH 方程			$E = E^{\ominus} + A\lg(c_{AsO_4^{3-}}/c_{HAsO_3^{2-}}) - B \cdot pH$					
$T/℃$	25	80	120	130	140	150	160	170	180
$E^{\ominus}/kJ \cdot mol^{-1}$	0.585	0.614	0.640	0.648	0.655	0.663	0.671	0.679	0.687
A	0.030	0.035	0.039	0.040	0.041	0.042	0.043	0.044	0.045
B	0.089	0.105	0.117	0.120	0.123	0.126	0.129	0.132	0.135

表 3-39   FeAsS-H₂O 系中反应 36 在不同温度下的平衡方程

反应 36	反应方程			$FeAsS + 2H^+ \Longrightarrow Fe^{2+} + As + H_2S$					
	电位-pH 方程			$pH = \dfrac{1}{2}\lg K^{\ominus} - \dfrac{1}{2}\lg(c_{Fe^{2+}} \cdot c_{H_2S})$					
$T/℃$	25	80	120	130	140	150	160	170	180
$\lg K^{\ominus}$	−4.263	−3.273	−2.697	−2.570	−2.449	−2.333	−2.224	−2.120	−2.021

　　根据上述物质的自由能 $G_T^{\ominus}$ ，绘制不同温度条件下的 FeAsS-H₂O 系电位-pH 图，如图 3-3~图 3-11 所示（图中数字对应表 3-4~表 3-39 中的反应）。对比分析可知：

　　（1）温度对砷黄铁矿的热力学浸出过程的影响非常明显。如当温度从 25℃ 增加至 180℃ 时，表 3-9 中反应 6 的标准电极电位从 0.248V 降低到 0.180V，降低了 68mV；表 3-22 中反应 19 的标准电极电位从 0.334V 降低到 0.273V，降低了 61mV。这两个反应与单质硫的稳定区有关。单质硫的存在将严重阻碍后续的加压氧化和常规氰化浸金过程，一方面单质硫易团聚，在砷黄铁矿等硫化物表面能形成一定的包裹，阻碍氧化反应的进行；另一方面单质硫与氰化试剂反应生成硫氰化物，增加氰化物的消耗量，降低金的氰化回收率。

　　（2）单质硫的稳定区存在于酸性条件下，酸度较高（pH<2）时，随着电位升高，S 元素从 H₂S 氧化为单质 S，再从单质 S 氧化为 HSO₄⁻；而酸度较低时（pH<7），H₂S 可直接氧化为 SO₄²⁻。

　　（3）FeAsS 稳定区的电位在 0V 附近，无论是酸性条件还是碱性条件，砷黄铁矿中的砷在电位较低时以亚砷酸根的形式存在，电位较高时以砷酸形成存在。

　　（4）温度升高，FeAsO₄ 的稳定区扩大，25℃ 时，FeAsO₄ 的稳定区的 pH 值范围为 −0.06~4.41，而 180℃ 时 FeAsO₄ 的稳定区范围为 −2.5~6.3。在 FeAsO₄ 稳定区的酸度范围内，随着电位降低，砷酸铁的稳定区减小。FeAsO₄ 会对金形成一定程度的包裹，阻碍金的后续浸出。浸出过程中应尽量避免砷酸铁的生成，因此加压氧化酸浸砷黄铁矿时，需控制体系的氧化还原电位在合适的范围内。

　　综上可知，从热力学角度分析，加温加压条件下砷黄铁矿氧化浸出是可行的，酸性条件下（pH<4）氧化酸浸砷黄铁矿的电位过高会导致 $FeAsO_4$ 的大量形成，实验时应控制好体系的电位，使砷黄铁矿氧化效果达到最佳。

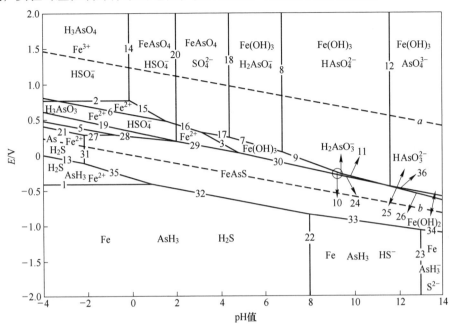

图 3-3　FeAsS-H_2O 系电位-pH 图（25℃）

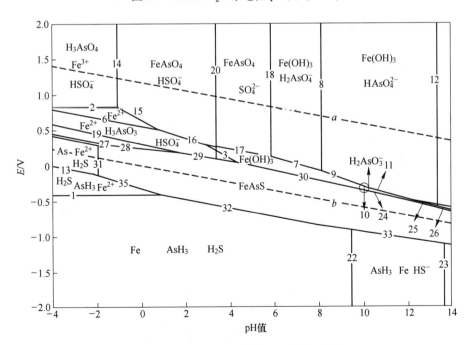

图 3-4　FeAsS-H_2O 系电位-pH 图（80℃）

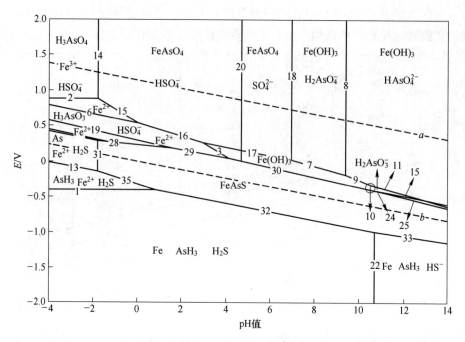

图 3-5　FeAsS-H_2O 系电位-pH 图（120℃）

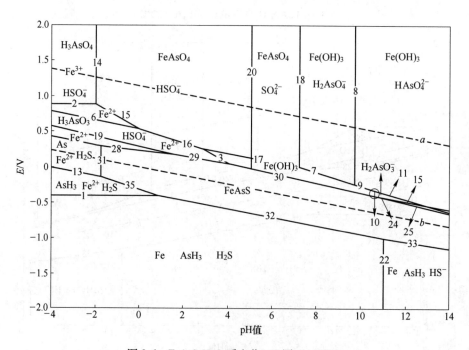

图 3-6　FeAsS-H_2O 系电位-pH 图（130℃）

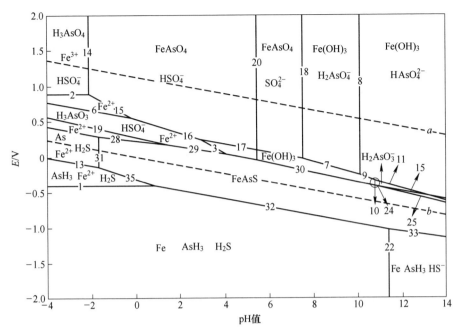

图 3-7 FeAsS-H_2O 系电位-pH 图（140℃）

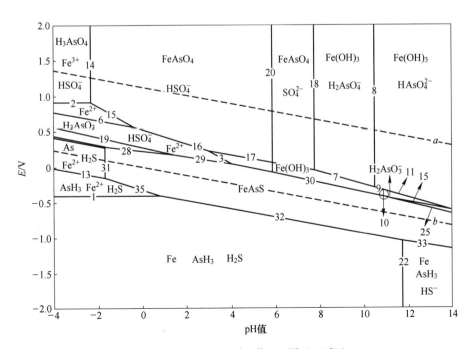

图 3-8 FeAsS-H_2O 系电位-pH 图（150℃）

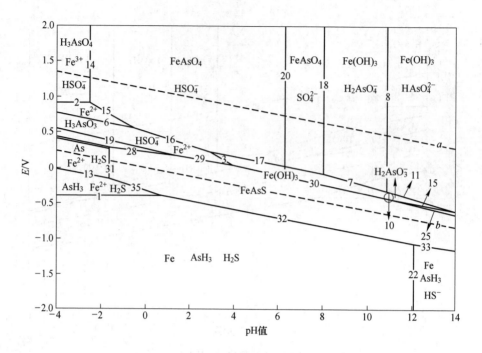

图 3-9   FeAsS-H$_2$O 系电位-pH 图（160℃）

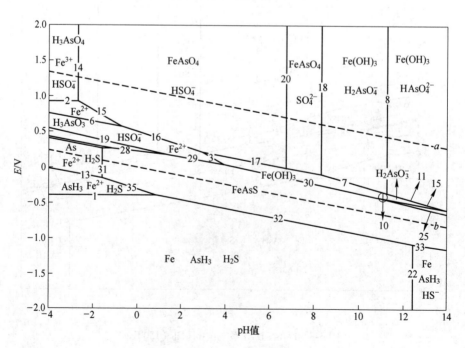

图 3-10   FeAsS-H$_2$O 系电位-pH 图（170℃）

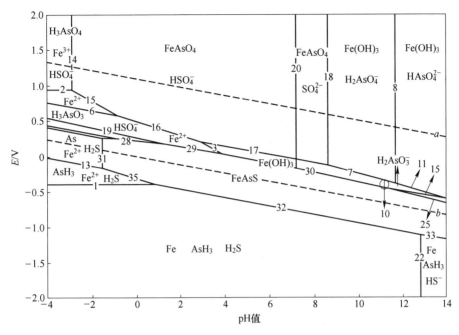

图 3-11 FeAsS-H_2O 系电位-pH 图（180℃）

为验证上述热力学分析结果，采用来自国内某研究院的砷黄铁矿矿样，通过浸出实验，验证不同温度下 FeAsS-H_2O 系电位-pH 图稳定区变化规律的准确性。实验采用的浸出条件为：氧分压 0.7MPa，初始酸度 0.2mol/L，粒度 0.031 ~ 0.040mm，液固比 1∶50（500mL 浸出液中加入 10g 砷黄铁矿）。不同温度下的砷浸出率与反应时间的对应关系如图 3-12 所示。不同温度下的铁浸出率与反应时间的对应关系如图 3-13 所示。图 3-12 表明温度对砷黄铁矿浸出的影响十分显著，120℃时砷在 3h 的浸出率仅为 72.79%，而 160℃时砷的浸出率可达 93.10%。随着温度升高，砷的浸出率提高，但温度为 180℃时，砷的浸出率反而降低。图 3-13 表明随着温度升高，铁的浸出率提高，但温度为 180℃时，铁的浸出率反而降低。铁和砷在 180℃时的浸出率都低于 120℃时的浸出率，分析 FeAsS-H_2O 系电位-pH 图稳定区变化规律可知，随着温度升高，砷酸铁的稳定区逐渐扩大，而实验过程中，各个样品的氧化还原电位（ORP）范围为 362 ~ 451mV，pH 值变化范围为 0.79 ~ 0.86，反映在电位-pH 图上为砷酸铁下方相邻的区域。因此可以推测铁和砷在 180℃时的浸出率降低的主要原因是砷黄铁矿反应浸出的亚铁离子被氧化为三价铁离子后，与砷酸反应生成了砷酸铁沉淀，进而造成铁和砷在 180℃时的浸出率降低的现象。该现象符合电位-pH 图的变化规律。

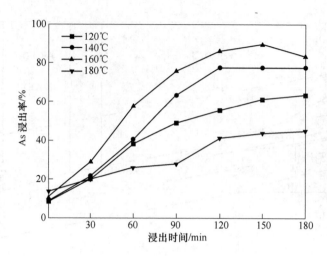

图 3-12　浸出温度对砷浸出率的影响

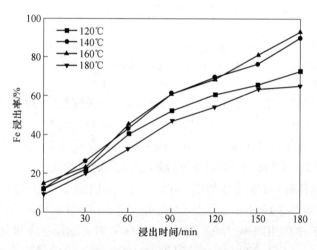

图 3-13　浸出温度对铁浸出率的影响

　　XRD 的结果表明矿渣中主要包括 FeS_2、$FeAsS$、SiO_2 和 $FeAsO_4 \cdot 2H_2O$ 等物质（见图 3-14）。砷黄铁矿在不同浸出温度下的物相组成未发生明显变化。通过扫描电子显微镜（SEM）观察了不同温度下砷黄铁矿浸渣的形貌（见图 3-15）。检测过程中，先通过不同倍率进行形貌观察，再选择特定区域进行局部面扫，观察特定元素（As，Fe，S，O）的分布情况，再对目标区域进行 EDS 能谱分析（见表 3-40）。结果表明Ⅰ、Ⅱ和Ⅲ区的 Fe、As 和 O 的含量较高，S 的含量少，而Ⅳ区元素 Fe、As 和 S 的含量较高，O 的含量少，结合 XRD 物相分析的结果可认为Ⅰ、Ⅱ和Ⅲ区为臭葱石（FeAsO$_4$·2H$_2$O），而Ⅳ区为缺金属硫化物或未反应完全的砷黄铁矿。这些分析结果进一步验证了上述热力学分析的准确性。

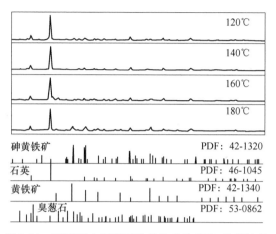

图 3-14 不同浸出温度下砷黄铁矿的 XRD 分析结果

图 3-15 浸出渣的 SEM 形貌分析

（a）（b）160℃；（c）180℃

表 3-40 浸出渣的 EDS 能谱分析

成分	点			
	I	II	III	IV
Fe	19.1	18.4	16.6	24.7
As	21.8	14.7	22.6	27.9
S	2.1	1.7	11.2	14.4
O	40.6	36.4	17.2	4.6

3.3 砷黄铁矿常压酸浸

3.3.1 常压硫酸浸出

浸出温度对砷黄铁矿在 H_2SO_4 溶液中 As 浸出率的影响如图 3-16 所示。实验中 H_2SO_4 浓度为 0.10mol/L，并分别在 25℃、35℃、45℃、55℃、65℃的浸出温度下测定砷黄铁矿中 As 的浸出率。由图可知，当溶液中没有其他氧化剂存在的条件下，浸出温度对砷黄铁矿在 H_2SO_4 溶液中的浸出行为影响不大，随着反应温度由 25℃提高到 65℃时，As 的浸出率仅由 1.44% 增加至 4.03%。可见即使当浸出温度为 65℃时，砷黄铁矿的浸出率仍然很低。

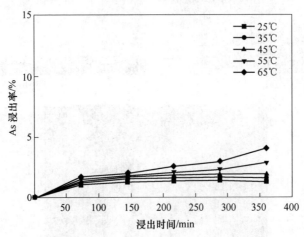

图 3-16 反应温度对 As 浸出率的影响

H_2SO_4 浓度对砷黄铁矿在 H_2SO_4 溶液中 As 浸出率的影响如图 3-17 所示。实验中浸出温度为 65℃，并分别在 0.05mol/L、0.10mol/L、0.25mol/L、0.35mol/L、0.50mol/L 的 H_2SO_4 浓度下测定 As 的浸出率。由图可知，随着 H_2SO_4 浓度由

0.05mol/L 提高至 0.50mol/L 时，As 的浸出率由 2.66% 增加至 6.24%，但是砷黄铁矿的浸出率仍然很低，说明 H_2SO_4 浓度的提高对砷黄铁矿在 H_2SO_4 溶液中浸出的促进作用也很小。

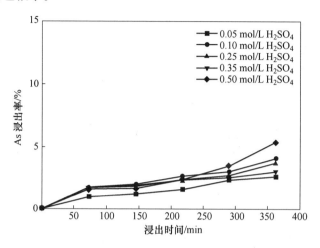

图 3-17　H_2SO_4 浓度对 As 浸出率的影响

综上可知，提高浸出温度或增加 H_2SO_4 浓度能够在一定程度上促进砷黄铁矿的浸出，然而其作用十分有限，这说明在浸出液中没有其他氧化剂存在的条件下，由于反应体系的氧化还原电位仅为 600mV 左右，溶液的氧化性较低，致使砷黄铁矿在 H_2SO_4 溶液中的浸出较难进行。因此进一步研究了 Fe(Ⅲ)、H_2O_2 和 HNO_3 等不同氧化剂对砷黄铁矿浸出行为的影响。

3.3.2　在 H_2SO_4-$Fe_2(SO_4)_3$ 溶液中浸出

浸出温度对砷黄铁矿在 H_2SO_4-$Fe_2(SO_4)_3$ 溶液中 As 浸出率的影响如图 3-18 所示。浸出液的 H_2SO_4 浓度为 0.20mol/L，$Fe_2(SO_4)_3$ 浓度为 0.10mol/L，并分别在 25℃、35℃、45℃、55℃、70℃ 的反应温度下测定砷黄铁矿的浸出率。由浸出过程中溶液 ORP 的测试结果可知，当 H_2SO_4 溶液中加入一定浓度 Fe(Ⅲ) 后，反应体系的氧化还原电位由未添加前的 600mV 提高至 720mV 左右，溶液的氧化性有所增强。此外，在 Fe(Ⅲ) 和 H_2SO_4 浓度均为 0.20mol/L 的条件下，当温度低于 55℃ 时，反应温度对砷黄铁矿的浸出率影响较小，而且 As 的浸出率较低，最高仅可达 3.53%。而当反应温度提高至 70℃ 时，砷黄铁矿中 As 的浸出率可达 8.97%，相比温度为 55℃ 时砷黄铁矿的浸出率提高了约 5%，由此可知，当温度达到 70℃ 时砷黄铁矿的浸出率随温度的升高明显增加，但是 As 的浸出率仍处于较低水平。

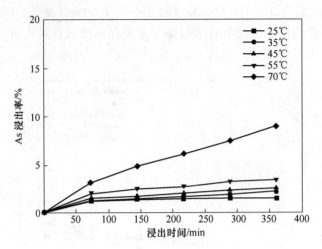

图 3-18 反应温度对 H_2SO_4-$Fe_2(SO_4)_3$ 溶液中 As 浸出率的影响

Fe(Ⅲ) 浓度对砷黄铁矿在 H_2SO_4-$Fe_2(SO_4)_3$ 溶液中 As 浸出率的影响如图 3-19 所示。在反应温度为 70℃、H_2SO_4 浓度为 0.20mol/L 时，并分别在溶液中 Fe(Ⅲ) 浓度为 0.05mol/L、0.20mol/L、0.40mol/L、0.60mol/L、0.80mol/L 的条件下测定 As 的浸出率。由图可知，当 Fe(Ⅲ) 浓度低于 0.40mol/L 时，As 的浸出率随 Fe(Ⅲ) 浓度的增大而提高，但当 Fe(Ⅲ) 浓度高于 0.40mol/L 时，Fe(Ⅲ) 浓度的增大反而抑制了砷黄铁矿的氧化浸出，且仅当 Fe(Ⅲ) 浓度为 0.40mol/L 时，As 的浸出率最高，可达 12.47%。由此可知虽然 Fe(Ⅲ) 浓度的增加可提高反应体系的氧化还原电位，进而提高溶液的氧化性，但 Fe(Ⅲ) 氧化

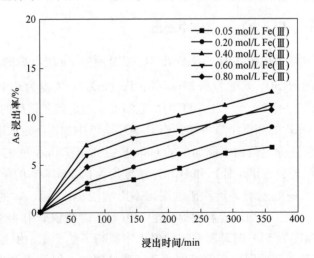

图 3-19 Fe(Ⅲ) 浓度对 H_2SO_4-$Fe_2(SO_4)_3$ 溶液中 As 浸出率的影响

浸出砷黄铁矿的最佳浓度为 0.40mol/L。类似的现象在 $Fe_2(SO_4)_3$ 浸出黄铜矿的研究中也曾有过报道，在黄铜矿湿法浸出过程中 Fe(Ⅲ) 也存在一个最佳浓度，溶液中 Fe(Ⅲ) 浓度过低或过高均不利于黄铜矿的氧化浸出[25]。

H_2SO_4 浓度对砷黄铁矿在 H_2SO_4-$Fe_2(SO_4)_3$ 溶液中 As 浸出率的影响如图 3-20 所示。实验的反应温度为 70℃，$Fe_2(SO_4)_3$ 浓度为 0.20mol/L，并分别在 0.05mol/L、0.20mol/L、0.50mol/L、1.00mol/L、2.00mol/L 的 H_2SO_4 浓度下测定砷黄铁矿的浸出率。由实验结果可知，当 H_2SO_4 浓度低于 0.20mol/L 时，砷黄铁矿的浸出率随 H_2SO_4 浓度的增大而提高，但当 H_2SO_4 浓度高于 0.20mol/L 时，As 的浸出率随 H_2SO_4 浓度的增大反而降低，且仅当 H_2SO_4 浓度为 0.20mol/L 时 As 的浸出率最高，可达 12.47%。从浸出过程中溶液 ORP 的变化可以看出虽然反应体系的氧化性随溶液 pH 值的减小而提高，但 As 的浸出率却先增大后减小，因此，$Fe_2(SO_4)_3$ 酸性氧化砷黄铁矿的最佳 H_2SO_4 浓度为 0.20mol/L。

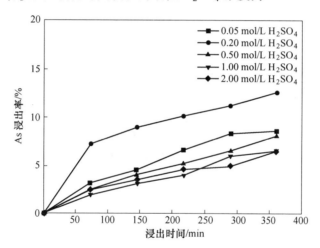

图 3-20 H_2SO_4 浓度对 H_2SO_4-$Fe_2(SO_4)_3$ 溶液中 As 浸出率的影响

3.3.3 在 H_2SO_4-HNO_3 溶液中浸出

在 H_2SO_4-HNO_3 溶液中反应温度对砷黄铁矿浸出率的影响如图 3-21 所示。实验中浸出液的 H_2SO_4 浓度为 0.30mol/L，HNO_3 浓度为 0.40mol/L，并分别在浸出温度为 25℃、35℃、45℃、55℃、65℃ 的条件下测定 As 的浸出率。在 H_2SO_4-HNO_3 浸出体系中，反应温度对砷黄铁矿的氧化浸出有很大影响。当反应温度从 25℃ 到 45℃ 时，As 的浸出率随温度的升高不断增加，而反应温度由 45℃ 提高至 55℃ 时砷黄铁矿的浸出率基本保持不变，As 的浸出率最高可达 81.38%。但当反应温度提高至 65℃ 时，砷黄铁矿的浸出率反而降低至 66.11%。在实验所研究的范围内，砷黄铁矿在 H_2SO_4-HNO_3 溶液中的氧化还原电位可达 950mV 左右，可见 H_2SO_4-HNO_3 浸出体系的氧化性要远强于 H_2SO_4-$Fe_2(SO_4)_3$ 溶液，致使砷黄铁矿的浸出率提升较高。但当反应温度过高时，温度的升高将会促进 HNO_3 溶液的分解，致使溶液的氧化性降低，从而砷黄铁矿浸出率降低。

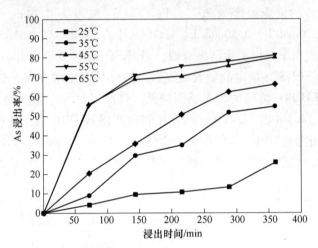

图 3-21　反应温度对 H_2SO_4-HNO_3 溶液中 As 浸出率的影响

HNO_3 浓度对砷黄铁矿在 H_2SO_4-HNO_3 溶液中浸出率的影响如图 3-22 所示。实验的浸出温度为 65℃，溶液 pH 值为 0，并分别在 HNO_3 浓度为 0.10mol/L、0.25mol/L、0.40mol/L、0.60mol/L、0.80mol/L 的条件下测定砷黄铁矿的浸出率。由实验结果可知，在相同的温度和溶液酸性条件下，当溶液中 HNO_3 浓度由 0.10mol/L 增加至 0.80mol/L 时，溶液的氧化还原电位由 884mV 提高至 975mV，

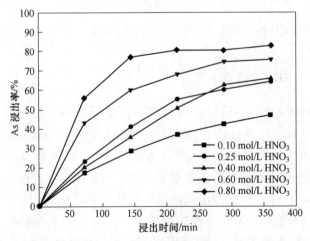

图 3-22　HNO_3 浓度对 H_2SO_4-HNO_3 溶液中 As 浸出率的影响

即随着 HNO_3 浓度的增加，溶液的氧化性也随之不断提高，可显著促进砷黄铁矿在 H_2SO_4-HNO_3 溶液中的氧化浸出。在实验所研究的范围内，当 HNO_3 浓度为 0.80mol/L 时，砷黄铁矿的浸出率可达 83.02%。

在 H_2SO_4-HNO_3 溶液中 H_2SO_4 浓度对砷黄铁矿浸出率的影响如图 3-23 所示。实验中反应温度为 65℃，浸出液中 HNO_3 浓度为 0.40mol/L，并分别在 H_2SO_4 浓度为 0mol/L、0.15mol/L、0.30mol/L、0.60mol/L、1.00mol/L 的条件下测定 As 的浸出率。由实验结果可知，当溶液中 H_2SO_4 浓度由 0mol/L 增加至 1.00mol/L 时，反应体系的氧化还原电位由 930mV 提高至 980mV 左右。反应体系的氧化性随着溶液酸性的增强而提高，当 H_2SO_4 浓度为 1.00mol/L 时，砷黄铁矿的浸出率可达 66.11%。

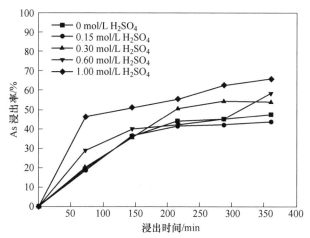

图 3-23　H_2SO_4 浓度对 H_2SO_4-HNO_3 溶液中 As 浸出率的影响

3.3.4　在 H_2SO_4-H_2O_2 溶液中浸出

在 H_2SO_4-H_2O_2 溶液中反应温度对砷黄铁矿浸出的影响如图 3-24 所示。浸出液中 H_2SO_4 浓度为 0.50mol/L，H_2O_2 浓度为 1.00mol/L，分别在反应温度为 25℃、30℃、40℃、60℃ 的条件下测定 As 的浸出率。在开始的 1h 内砷黄铁矿的浸出速度较快，之后砷黄铁矿的浸出率随时间的延长几乎不再变化。造成这一现象最可能的原因是 H_2O_2 在砷黄铁矿表面及含 Fe 和 As 离子的溶液中分解速度较快，当砷黄铁矿氧化浸出 1h 后 H_2O_2 基本已经分解完全，致使浸出液的氧化性显著降低，砷黄铁矿在 H_2SO_4-H_2O_2 溶液中的浸出过程也因此趋于终止。砷黄铁矿在 H_2SO_4-H_2O_2 溶液中的最佳浸出温度为 30℃ 左右，As 的浸出率最高可达 56.32%。随着反应温度的升高，砷黄铁矿的浸出率反而不断降低，造成这种现象最可能的原因是温度的升高促进了 H_2O_2 的分解。

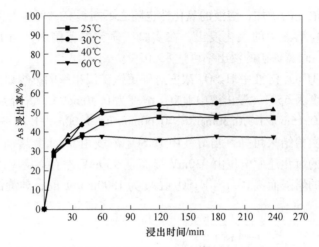

图 3-24   反应温度对 H_2SO_4-H_2O_2 溶液中 As 浸出率的影响

H_2O_2 浓度对砷黄铁矿在 H_2SO_4-H_2O_2 溶液中浸出的影响如图 3-25 所示。反应温度为 25℃，浸出液中 H_2SO_4 浓度为 0.50mol/L，分别在 0.10mol/L、0.50mol/L、1.00mol/L、2.00mol/L 的 H_2O_2 浓度条件下测定砷黄铁矿的浸出率。由反应过程中溶液体系 ORP 变化可知，当向 H_2SO_4 溶液中加入一定量的 H_2O_2 后反应体系的氧化还原电位可达 850mV 左右，提高了约 250mV，溶液的氧化性明显增强，砷黄铁矿的浸出率随之显著提高。同样地，砷黄铁矿的氧化浸出速度在起始的 1h 内很快，之后 As 的浸出率基本趋于稳定。当 H_2O_2 浓度由 0.10mol/L 增加到 0.50mol/L 时，砷黄铁矿的浸出率由 7.36% 提高到 36.63%，增加了约 30%，说明 H_2O_2 浓度的增加可促进砷黄铁矿的氧化浸出。但当 H_2O_2 浓度超过 1.00mol/L 时，H_2O_2 浓度的增加对 As 浸出率的促进作用减小。

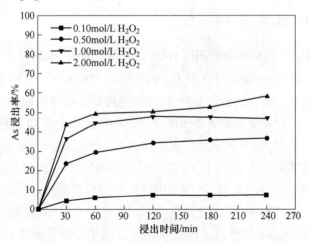

图 3-25 H_2O_2 浓度对 H_2SO_4-H_2O_2 溶液中 As 浸出率的影响

在 H_2SO_4-H_2O_2 溶液中 H_2SO_4 浓度对砷黄铁矿浸出的影响如图 3-26 所示。实验中浸出温度为 25℃，浸出液中 H_2O_2 浓度为 2.00mol/L，并分别在 H_2SO_4 浓度为 0.05mol/L、0.20mol/L、0.50mol/L、1.00mol/L、2.00mol/L 的条件下测定砷黄铁矿中 As 的浸出率。由图 3-26 可知，砷浸出率随 H_2SO_4 浓度的提高先增加后减小，当 H_2SO_4 浓度为 0.50mol/L 时，As 的浸出率最高，可达 58.33%。由此可知，在一定程度上 H_2SO_4 浓度的增大可促进砷黄铁矿的氧化浸出，但当溶液 pH 值过低时反而会促进 H_2O_2 的分解，进而不利于提高砷黄铁矿的浸出率。

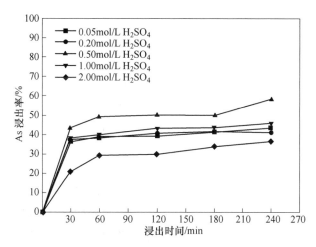

图 3-26 H_2SO_4 浓度对 H_2SO_4-H_2O_2 溶液中 As 浸出率的影响

为了探究反应后期砷黄铁矿在 H_2SO_4-H_2O_2 溶液中浸出率不再继续提高的原因，在反应进行到 1h 后向浸出液中添加了 50mL 0.50mol/L H_2SO_4-1mol/L H_2O_2 溶液，以比较 As 浸出率的变化，结果如图 3-27 所示。在相同的反应条件下，当反应进行 1h 时向浸出液中添加 50mL 1mol/L 的 H_2O_2 溶液，砷黄铁矿的浸出率随时间的延长继续提高。当反应结束时，砷黄铁矿的浸出率可由未添加新鲜 H_2O_2 溶液时的 47.13% 提高至 81.70%，增加了 34.57%。由此可知，反应 1h 后砷黄铁矿的浸出速率主要受溶液中 H_2O_2 浓度所控制，溶液中 H_2O_2 的浓度很低时则不足以继续氧化浸出砷黄铁矿。

乙二醇添加量对 H_2O_2 分解的影响如图 3-28 所示。实验条件为：反应温度 25℃，H_2SO_4 浓度 0.50mol/L，H_2O_2 浓度 1.00mol/L，并在乙二醇添加量分别为 0.10%、0.50%、1%、5%、10%（体积分数）的条件下测定反应过程中 H_2O_2 的浓度的变化。结果表明，当溶液中未添加乙二醇时，经 4h 反应后 H_2O_2 浓度由起始时的 0.50mol/L 和 1.00mol/L 降低至接近于零，As 的浸出率不再随反应时间继续提高，而且 1mol/L 的 H_2O_2 溶液比 0.50mol/L 的 H_2O_2 溶液分解速率快，说明 H_2O_2 的分解速率随浓度的升高而增加。此外当向溶液中依次添加体积分数为

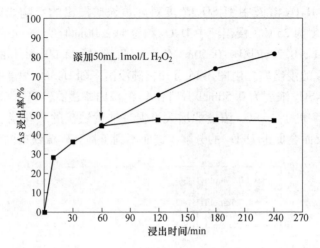

图 3-27   在反应过程中添加新鲜 H_2O_2 溶液对 As 浸出率的影响

（25℃，0.50mol/L H_2SO_4，1mol/L H_2O_2）

0.10%、0.50%、1%、5%、10%的乙二醇时，经 4h 反应后 H_2O_2 浓度均由反应前的 1.00mol/L 分别降至 0.01mol/L、0.31mol/L、0.59mol/L、0.71mol/L 和 0.75mol/L，H_2O_2 的分解率相比未添加乙二醇时明显减小。不同浓度乙二醇对砷黄铁矿在 H_2SO_4-H_2O_2 溶液中浸出率的影响如图 3-29 所示。由图 3-29 可知，当溶液中乙二醇的添加量分别为 1%和 5%（体积分数）时，砷黄铁矿的浸出率则由未添加乙二醇时的 47.13%提高至 78.70%和 81.70%，分别增加了 31.57%和 34.57%。由此可知，乙二醇在一定程度上能通过抑制 H_2O_2 的分解进而显著促进砷黄铁矿的氧化酸浸过程。

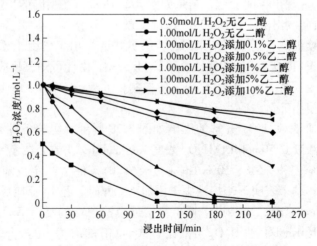

图 3-28   乙二醇添加量对 H_2O_2 分解的影响

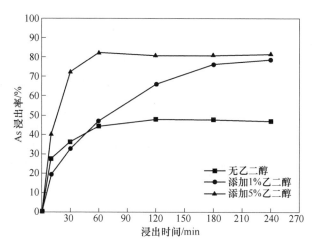

图 3-29 乙二醇对 $H_2SO_4\text{-}H_2O_2$ 溶液中 As 浸出率的影响

综上可知，砷黄铁矿氧化酸浸过程中所产生的 Fe、As 等元素的离子将加速催化溶液中 H_2O_2 的分解。反应 1h 后浸出液中的 H_2O_2 浓度很低，不足以继续氧化浸出砷黄铁矿，而且溶液中 H_2O_2 浓度的增大也可加快砷黄铁矿分解速率。乙二醇在一定程度上能显著抑制 H_2O_2 在砷黄铁矿氧化酸浸过程中的分解，当乙二醇的添加量低于 5% 时，H_2O_2 的分解率随着乙二醇浓度的升高而降低；当乙二醇的添加量大于 5% 时，H_2O_2 的分解率几乎不随乙二醇浓度的升高而继续下降。

3.3.5 机械活化的影响

在工业实践应用中常采用加压氧化、边磨边浸等手段来强化黄铜矿、黄铁矿的湿法浸出过程，进而改善其浸出效果。然而由于砷黄铁矿氧化的平衡电位较低，相比黄铜矿、黄铁矿等硫化物而言容易被浸出，不需要高温高压、多次球磨和浸出等工艺处理。而且虽然加压氧化等工艺可显著提高砷黄铁矿的氧化浸出速率，但由于其高温高压的反应条件苛刻、对设备材质和操作技术要求严格、生产成本高等因素极大地限制了加压氧化法在国内的广泛应用。基于上述原因，将采用机械活化对砷黄铁矿进行预处理，然后探究机械活化对砷黄铁矿在不同酸性溶液体系中氧化浸出行为的影响。所谓机械活化是指借助机械外力作用进而改变物质的晶体结构、大小、比表面积和化学组成等，并将机械能转化为内能，进而提高物质反应活性的预处理手段[26]。选用行星球磨机对砷黄铁矿进行活化预处理，在球料比为 15:1，球磨机配球大小比 $N_{\phi 6}:N_{\phi 10}$ 为 8:1 和球磨机转速为 300r/min 的条件下，探究了球磨时间对砷黄铁矿在 $Fe_2(SO_4)_3\text{-}H_2SO_4$、$H_2O_2\text{-}H_2SO_4$ 和 $HNO_3\text{-}H_2SO_4$ 不同酸性溶液体系中氧化浸出行为的影响，并通过粒度分析、XRD、SEM-EDS 和 XPS 等表征手段研究了机械活化预处理提高砷黄铁矿反应活性的作用机理。

3.3.5.1 机械活化对砷黄铁矿结构性质的影响

未球磨和球磨 5h 后砷黄铁矿的粒度分析结果如图 3-30 所示。表 3-41 为机械活化后砷黄铁矿粒度的定量分析结果。未球磨砷黄铁矿粉末颗粒的中位粒径约为 14.73μm，比表面积约为 429.20m²/kg，其中 90% 的砷黄铁矿颗粒小于 56.42μm。而经过 5h 球磨后砷黄铁矿粉末的中位粒径约为 3.255μm，比表面积约为 1572m²/kg，其中 90% 的砷黄铁矿颗粒小于 14.01μm。由此可知，砷黄铁矿粉末经 5h 球磨后颗粒粒径明显减小，致使其颗粒表面积显著增大。说明机械活化预处理能在一定程度上细化矿粉颗粒，并显著增大砷黄铁矿的比表面积，进而有助于促进砷黄铁矿的酸性氧化浸出，这将在后续经 2h 机械活化后砷黄铁矿的 SEM-EDS 分析中进一步探讨。

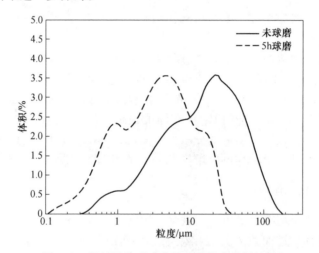

图 3-30　机械活化后砷黄铁矿的粒度分析结果

表 3-41　机械活化后砷黄铁矿粒度的定量分析结果

编号	D_3	D_{10}	D_{25}	D_{50}	D_{75}	D_{90}	D_{98}
原矿/μm	0.82	2.17	5.23	14.73	32.08	56.42	95.28
球磨 5h/μm	0.29	0.56	1.19	3.255	7.20	14.01	21.34

不同球磨时间下砷黄铁矿精矿的 XRD 物相分析结果如图 3-31 所示。由未球磨和球磨时间分别为 1h、2h、5h 和 8h 的砷黄铁矿精矿 XRD 分析结果可知，不同球磨时间后砷黄铁矿精矿中都主要包括 FeS_2、$FeAsS$ 和 SiO_2 等物质。由不同球磨时间后 XRD 衍射图谱中砷黄铁矿特征峰强度的变化可知，随着球磨时间的延长，砷黄铁矿 33.64° 和 37.25° 晶面所对应的衍射峰相对强度发生了明显变化。由此可知，机械活化预处理不仅可以减小砷黄铁矿的颗粒尺寸，同时还可细化其

晶粒，较大的晶粒在机械活化过程中不断地变形、断裂，从而生成更小的晶粒，使得 37.25°衍射峰所对应的晶面更多地暴露出来。

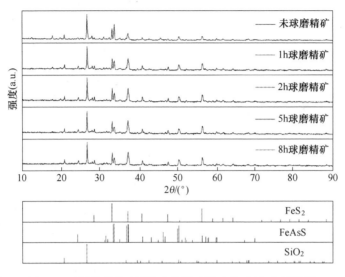

图 3-31　不同球磨时间后砷黄铁矿精矿的 XRD 分析结果

　　机械活化 2h 后的砷黄铁矿和 H_2O_2 浸出渣的 SEM 形貌分析结果如图 3-32 所示。测试中先在不同倍率下进行 SEM 形貌观察，然后选择不同视野范围内的物相进行局部面扫，观察特定元素的分布情况，然后选择不同形貌颗粒的特定区域进行 EDS 能谱分析，进而获得该处元素的种类、摩尔分数等信息。由图 3-33 可知，经 2h 机械活化后精矿颗粒的粒径明显减小，比表面积随之增大。此外在更大的倍率下观察经 2h 机械活化后的精矿形貌可知，矿粉颗粒的结构相比未经机械活化的精矿变得杂乱无序，颗粒的无序化程度明显增大，这将有利于促进砷黄铁矿在不同溶液中氧化酸浸的动力学过程。

　　采用 XPS 技术对机械活化预处理后的砷黄铁矿和 H_2O_2 浸出渣进行表征，结果分别如图 3-34 和图 3-35 所示[27]。从 Fe 2p 图谱中可以看出，结合能为 707.20eV 的光电子峰处所对应的是 Fe 的氧化物，而结合能为 709.81eV、711.30eV、712.80eV 和 714.63eV 的光电子峰则来源于 FeAsS 和 $KFe_3(OH)_6(SO_4)_2$。在 As 3d 图谱中，分别在结合能为 41.34eV、42eV、44.05eV 和 45.10eV 处存在 4 个光电子峰，分别对应于 As(−Ⅰ)、As(0)、As(Ⅲ) 和 As(Ⅴ) 等元素砷的不同价态。而 C 1s 图谱中也存在 3 个光电子峰，其中 284.60eV 的 C—C 光电子峰通常用来对仪器峰位进行校正，结合能为 285.79eV 光电子峰所代表的是 C—H，而结合能为 288.58eV 处光电子峰是由于 XPS 测试过程中存在碳污染而形成的碳吸附物。此外在结合能为 293.12eV 和 295.84eV 处存在两个光电子峰，分别对应

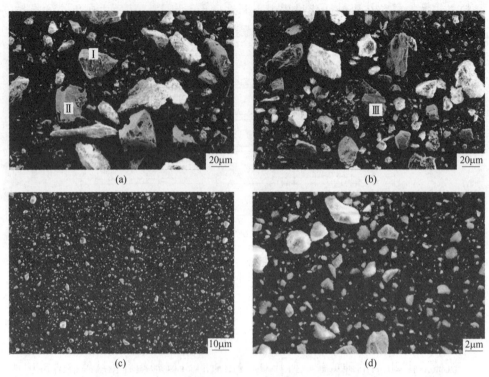

图 3-32　球磨精矿和 H_2O_2 浸出渣的 SEM 物相分析
（a）（b）H_2O_2 浸出渣；（c）（d）球磨精矿

K 的 $2p3$ 和 $2p1$ 能级，在经机械活化预处理后的砷黄铁矿和 H_2O_2 浸出渣中该光电子峰并没有消失，可见 K 存在一种难溶的盐中。

对比砷黄铁矿精矿和机械活化 2h 后的砷黄铁矿 XPS 图谱可知，砷黄铁矿经机械活化预处理后在结合能为 41.34eV、42eV 的光电子峰明显消失，可见机械活化预处理可将砷黄铁矿表面的元素 As 部分氧化，进而有利于促进砷黄铁矿的氧化浸出。而且 H_2O_2 浸出渣中 As($-$I)、As(0) 和 Fe(III)—O 所对应的光电子峰也明显消失，说明砷黄铁矿在 H_2SO_4-H_2O_2 中可被氧化浸出。此外在砷黄铁矿精矿、机械活化后的砷黄铁矿和 H_2O_2 浸出渣三个样品中均发现有 K 和 Fe(III)—O 的存在，并且其所对应的光电子峰强度不随机械活化和浸出过程而发生变化，由此可知砷黄铁矿精矿中含有黄钾铁矾，并且难以被浸出。由于 XRD 对样品表面的穿透深度为 $2\sim10\mu m$，而且黄钾铁矾的含量很低，因此在 XRD 分析中未发现黄钾铁矾的存在。

3.3.5.2　机械活化后的常压浸出

球磨时间对机械活化后砷黄铁矿在 H_2SO_4-$Fe_2(SO_4)_3$ 溶液中浸出的影响如

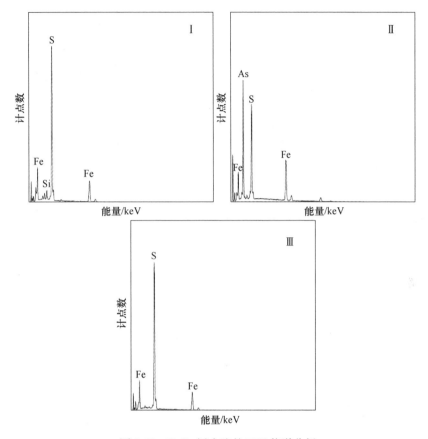

图 3-33 H_2O_2 浸出渣的 EDS 能谱分析

图 3-36 所示。实验中反应温度为 70℃，浸出液中 H_2SO_4 浓度为 0.20mol/L，$Fe_2(SO_4)_3$ 浓度为 0.20mol/L，并分别在球磨时间为 0h、1h、2h、5h 和 8h 的条件下测定砷黄铁矿中 As 的浸出率。从浸出动力学实验结果可以看出，经不同球磨时间后砷黄铁矿的浸出率均随反应时间不断提高。随着球磨时间的延长，砷黄铁矿的浸出率先升高后降低，砷黄铁矿在 H_2SO_4-$Fe_2(SO_4)_3$ 溶液中氧化浸出的最佳球磨时间为 5h，在此条件下 As 的浸出率最高可达 54.46%。机械活化预处理可以显著提高砷黄铁矿在 H_2SO_4-$Fe_2(SO_4)_3$ 溶液中的浸出率，但长时间的球磨反而会降低机械活化效率，原因可能是过度的球磨会使细化的砷黄铁矿重新团聚、结块，反而不利于提高砷黄铁矿的浸出率。

球磨时间对机械活化后的砷黄铁矿在 H_2SO_4-HNO_3 溶液中浸出率的影响如图 3-37 所示。实验中反应温度为 55℃，溶液中 H_2SO_4 浓度为 0.10mol/L，HNO_3 浓度为 0.80mol/L，并分别在球磨时间为 0h、1h、2h、5h、8h 的条件下测定砷黄铁

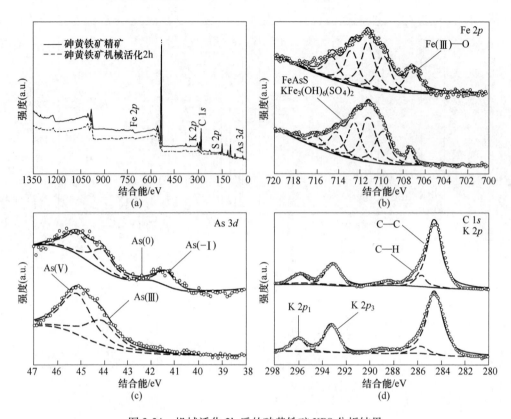

图 3-34　机械活化 2h 后的砷黄铁矿 XPS 分析结果

（a）球磨矿图谱；（b）Fe 2p 图谱；（c）As 3d 图谱；（d）C 1s 和 K 2p 图谱

矿的浸出率。经不同时间球磨后，砷黄铁矿在 H_2SO_4-HNO_3 溶液中起始的 1h 内反应速度快，之后 As 的浸出率基本不随浸出时间而发生变化。此外，砷黄铁矿经不同时间机械活化后，As 的浸出率都可由未球磨前的 83.02% 增长到 100%，精矿中的砷黄铁矿几乎可被完全浸出。

球磨时间对机械活化后的砷黄铁矿在 H_2SO_4-H_2O_2 溶液中浸出率的影响如图 3-38 所示。由图可知，经不同时间球磨后的砷黄铁矿在 H_2SO_4-H_2O_2 溶液中前 30min 内反应剧烈，As 的浸出率迅速提高，之后砷黄铁矿的浸出率基本保持不变。机械活化在一定程度上可促进砷黄铁矿的氧化浸出，最佳球磨时间为 1h，在此反应条件下 As 的浸出率可高达 87.67%。当球磨时间超过 1h 后，砷黄铁矿的浸出率反而略有下降，造成这种现象的原因是长时间的机械活化会使破碎的矿粉颗粒重新团聚结块，而且浸出液中 Fe、As 等元素的离子浓度增加也将加速催化 H_2O_2 的分解，从而阻碍砷黄铁矿进一步的氧化溶解。

探究了乙二醇和机械活化双重作用对砷黄铁矿在 H_2SO_4-H_2O_2 溶液中浸出率

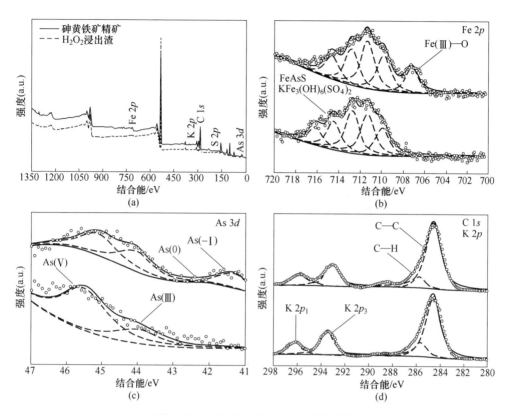

图 3-35 H₂O₂ 浸出渣的 XPS 分析结果

（a）浸出渣图谱；（b）Fe 2p 图谱；（c）As 3d 图谱；（d）C 1s 和 K 2p 图谱

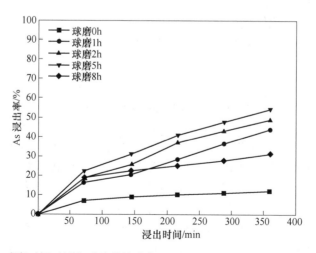

图 3-36 球磨时间对活化后砷黄铁矿在 H₂SO₄-Fe₂(SO₄)₃ 溶液中浸出率的影响

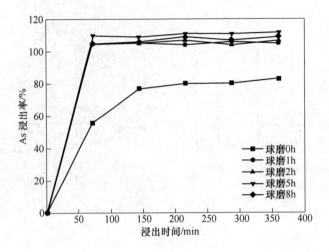

图 3-37   球磨时间对活化后的砷黄铁矿在 H_2SO_4-HNO_3 溶液中浸出率的影响

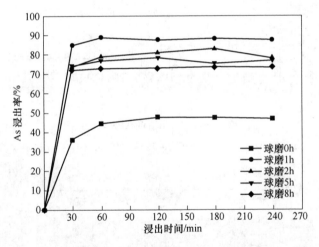

图 3-38   球磨时间对活化后的砷黄铁矿在 H_2SO_4-H_2O_2 溶液中浸出率的影响

（25℃；0.50mol/L H_2SO_4；1mol/L H_2O_2）

的影响，实验结果如图 3-39 所示。在反应温度为 25℃，浸出液中 H_2SO_4 浓度为 0.50mol/L 和 H_2O_2 浓度为 1mol/L 的条件下，当溶液中仅添加 5% 的乙二醇时，As 的浸出率可由未添加乙二醇时的 47.13% 增加至 80.37%，提高了 33.24 个百分点；而经机械活化 2h 的砷黄铁矿在添加 5% 乙二醇的 H_2SO_4-H_2O_2 溶液中反应时，As 的浸出率可高达 99.63%，精矿中的砷黄铁矿几乎全部被浸出。由此可见，乙二醇和机械活化预处理双重作用可有效地促进砷黄铁矿的氧化酸浸。

未球磨和球磨 5h 后的砷黄铁矿在 H_2SO_4-$Fe_2(SO_4)_3$ 溶液中浸出渣的 XRD 物

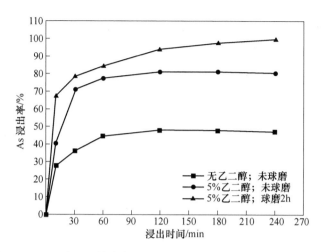

图 3-39 乙二醇和机械球磨对 H_2SO_4-H_2O_2 溶液中 As 浸出率的影响

相分析结果如图 3-40 所示。由衍射图谱可知，未经机械活化的砷黄铁矿在 $Fe_2(SO_4)_3$ 溶液中浸出后其所对应的衍射峰强度略有降低，表明砷黄铁矿在 H_2SO_4-$Fe_2(SO_4)_3$ 溶液中的浸出效果不理想。而经 5h 机械活化后的砷黄铁矿在 $Fe_2(SO_4)_3$ 溶液中的浸出渣中虽仍然含有 FeAsS，但其所对应的有些衍射峰明显消失，说明浸出渣中砷黄铁矿含量明显降低，这与经 5h 机械活化的砷黄铁矿在 $Fe_2(SO_4)_3$ 溶液中的浸出动力学实验结果一致。未球磨和球磨 5h 后的砷黄铁矿在 H_2SO_4-HNO_3 溶液中反应后浸出渣的 XRD 物相分析结果如图 3-41 所示。浸出渣的 XRD 衍射图谱表明，黄铁矿和砷黄铁矿的衍射峰高度相较未反应前精矿变

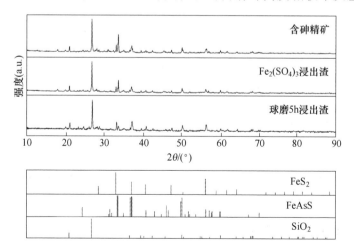

图 3-40 球磨 5h 后的砷黄铁矿在 H_2SO_4-$Fe_2(SO_4)_3$ 溶液中浸出渣的 XRD 分析结果

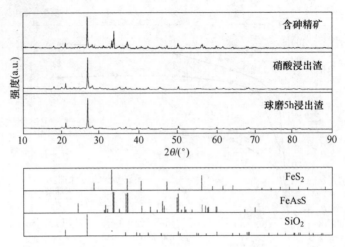

图 3-41　球磨 5h 后的砷黄铁矿在 H_2SO_4-HNO_3 溶液中浸出渣的 XRD 分析结果

得很低，说明浸出渣中其含量很少，相应地，As 的浸出率可达 81.38%。而球磨 5h 后的砷黄铁矿在 H_2SO_4-HNO_3 溶液中反应后，浸出渣中几乎不含砷黄铁矿。未球磨和球磨 1h 后的砷黄铁矿在 H_2SO_4-H_2O_2 溶液中反应后浸出渣的 XRD 物相分析结果如图 3-42 所示。FeS_2 和 FeAsS 的含量相比浸出前精矿中的含量均明显降低，表明砷黄铁矿在 H_2SO_4-H_2O_2 溶液中的浸出效果较好。

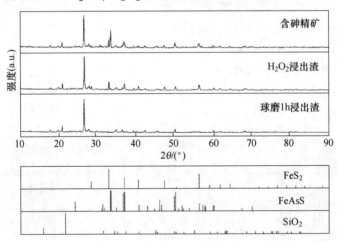

图 3-42　球磨 1h 后的砷黄铁矿在 H_2SO_4-H_2O_2 溶液中浸出渣的 XRD 分析结果

3.3.6　砷黄铁矿常压浸出电化学

有研究表明，由于 H_2SO_4、H_2SO_4-$Fe_2(SO_4)_3$ 溶液的氧化性较弱，且砷黄铁矿在常压氧化酸浸过程中 Fe、As、S 等元素溶解速率不等，导致砷黄铁矿表面易生成缺金属硫化层或单质硫钝化膜，将进一步阻碍砷黄铁矿的氧化溶解，致使其浸出率相对较低[28]。而目前的研究对砷黄铁矿表面钝化膜的化学组成、结构性质和形成机理仍存在很大的争议，砷黄铁矿在不同酸性溶液体系中的界面反应模型，以及砷黄铁矿中 Fe、As、S 元素的氧化行为、溶解速率和迁移规律尚不明确，有待进一步研究。由于砷黄铁矿是一种典型的半导体矿物，而且在砷黄铁矿常压氧化酸浸过程中均涉及电子转移属于典型的氧化还原反应，因此可借助电化学手段来探究砷黄铁矿在不同酸性溶液体系中的氧化行为和浸出机理。

天然砷黄铁矿中夹杂及空隙的存在，致使其导电性较差，难以直接制备成块状电极用于电化学研究。因此在砷黄铁矿矿粉中加入一定量的石墨和石蜡黏结剂以制备成碳糊电极（CPE），并采用传统三电极体系通过开路电位（OCP）、电化学阻抗谱（EIS）和极化曲线等电化学手段来研究砷黄铁矿在不同酸性溶液体系中的界面反应模型、不同元素的氧化迁移规律、钝化膜的化学组成、结构性质和形成机理等。由于实验中所选用的石蜡黏结剂熔点较低，因此实验中的电化学测试仅针对常温下砷黄铁矿的酸性氧化浸出过程进行研究。此外电化学阻抗谱测试所获得的实验数据均经过 ZSimpWin 软件进行拟合、定量分析，并用 Viso 软件绘制电化学反应过程的等效电路图。

3.3.6.1 H_2SO_4 溶液

砷黄铁矿在不同浓度 H_2SO_4 溶液中开路电位随时间的变化如图 3-43 所示。开路电位测试时长为 1h，由图 3-43 可知，在浓度分别为 0.10mol/L 和 0.50mol/L 的 H_2SO_4 溶液中，砷黄铁矿碳糊电极的开路电位在 10min 内均迅速升高，而后基本不随时间变化（电压波动范围小于 3mV/min）。在 0.10mol/L 的 H_2SO_4 溶液中砷黄铁矿的开路电位由起始的 0.11V 升高至 0.41V，而在 0.50mol/L 的 H_2SO_4 溶液中砷黄铁矿的开路电位由起始的 0.14V 升高至 0.44V。根据混合电位理论可知，在 H_2SO_4 溶液中随着反应的进行，砷黄铁矿表面形成了钝化膜，致使体系的腐蚀电位升高，腐蚀电流密度减小，不利于砷黄铁矿在 H_2SO_4 溶液中的进一步氧化浸出。

砷黄铁矿在不同浓度 H_2SO_4 溶液中的极化曲线如图 3-44 所示。在扫描电压范围为 -0.25V(vs. OCP)~1.50V(vs. Ag/AgCl)，电压扫描速度为 0.20mV/s 的条件下，砷黄铁矿在 0.10mol/L 和 0.50mol/L H_2SO_4 溶液中的腐蚀电位均在 0.40V 左右。由阴极、阳极极化曲线可知，在腐蚀电位下，砷黄铁矿在不同浓度 H_2SO_4 溶液中的腐蚀电流密度均很小（约为 $3×10^{-7}A/cm^2$），而且 H_2SO_4 浓度对砷黄铁矿极化曲线的形状及电流密度的影响较小，说明砷黄铁矿在不同浓度 H_2SO_4 溶液中的氧化速率均很慢，这与砷黄铁矿在 H_2SO_4 溶液中的浸出结果相一致。

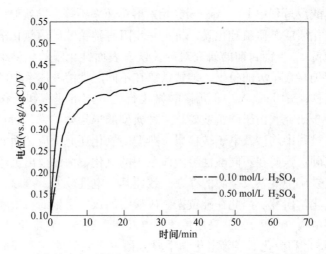

图 3-43 砷黄铁矿在不同浓度 H_2SO_4 溶液中 1h 的开路电位测试 （25℃）

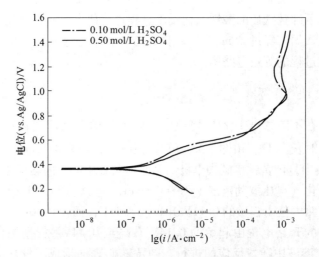

图 3-44 砷黄铁矿在不同浓度 H_2SO_4 溶液中的极化曲线 （25℃）

　　砷黄铁矿在两种不同浓度 H_2SO_4 溶液中的阴极极化曲线几乎重合。阳极极化曲线可大致将其分为四个电势区域：随着扫描电位的提高，在电压为 OCP ~ 0.60V 的初始阶段，电流增幅较小，可能的原因是在这一电压范围内，砷黄铁矿并没有发生活性溶解，而砷黄铁矿是一种典型的半导体，其电流随着电位的增加可能是由于砷黄铁矿内部半导体性质的变化；当扫描电位由 0.60V 增加至 0.70V 时，电流随着扫描电位的提高而急剧增大，表明砷黄铁矿开始活性溶解；当扫描电压处于 0.70~1V 的范围内时，极化电流密度的增幅随着扫描电位的增加而变得缓慢，可能的原因是高电位下 Fe、As 元素的优先溶解，致使砷黄铁矿表面形

成了化学组成为 $Fe_{1-x}As_{1-y}S$ 的缺金属硫化层，阻碍了砷黄铁矿的溶解；而当扫描电压进一步升高至1V以上时，砷黄铁矿表面又形成了新的单质硫或铁矾钝化膜，致使极化电流密度随扫描电压的升高急剧减小。

砷黄铁矿在 0.50mol/L H_2SO_4 溶液中不同开路电位时间下的电化学阻抗谱测试如图 3-45 所示。开路电位测试分别在 30min、75min、150min、225min 和 300min 的时间间隔下进行。

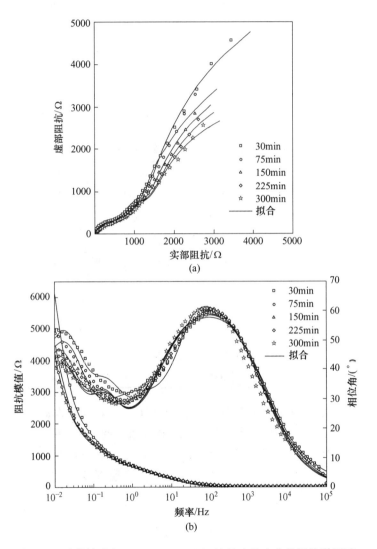

图 3-45 砷黄铁矿在 0.50mol/L H_2SO_4 溶液中的电化学阻抗谱测试

（a）Nyquist 图；（b）Bode 图

从图 3-45（b）可以看出，该反应体系的电化学阻抗谱中存在 3 个时间常数，采用两个时间常数的等效电路进行拟合，但是拟合结果误差较大。因此采用图 3-46 所示的等效电路来拟合砷黄铁矿在 H_2SO_4 溶液中的电化学阻抗谱，该等效电路已成功地应用于黄铜矿在 H_2SO_4 体系中的浸出行为研究[29]。另外，等效电路中各元件的定量分析结果见表 3-42。

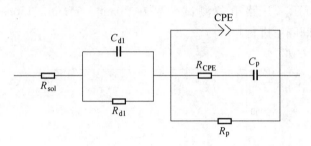

图 3-46　砷黄铁矿在 H_2SO_4 溶液中电极反应的等效电路图

表 3-42　砷黄铁矿在 H_2SO_4 溶液中等效电路各元件的定量分析结果

要素	30min	75min	150min	225min	300min
R_{sol}	16	5.05	5.57	5.81	6.03
R_{dl}	2290	1770	765	793	766
C_{dl}	4.43×10^{-4}	5.96×10^{-5}	1.57×10^{-3}	1.57×10^{-3}	1.51×10^{-3}
$Q\text{-}Y/S \cdot s^n \cdot cm^{-2}$	4.84×10^{-5}	5.33×10^{-4}	1.29×10^{-4}	1.29×10^{-4}	1.28×10^{-4}
$Q\text{-}n$	0.73	0.61	0.75	0.75	0.75
R_p	39600	14400	8420	7670	6590
R_{CPE}	2470	2160	798	848	869
C_p	6.76×10^{-4}	1.47×10^{-3}	3.35×10^{-3}	3.36×10^{-3}	3.18×10^{-3}
拟合度	1.53×10^{-3}	2.73×10^{-3}	1.92×10^{-3}	1.83×10^{-3}	1.70×10^{-3}

从等效电路图中可以看出，砷黄铁矿在纯 H_2SO_4 溶液中的氧化溶解包括 3 个电极反应过程。其中 R_{sol} 代表反应体系的溶液电阻，而 C_{dl} 和 R_{dl} 分别代表碳糊电极表面的双电层电容和电荷转移电阻。一般来说双电层电阻可反映电化学反应电荷转移的难易程度，电荷转移电阻越大，电极反应速率越慢。双电层电阻 R_{dl} 一般可表示为：

$$R_{dl} = \frac{RT}{nFi_0} \tag{3-9}$$

式中，i_0 为电极反应的交换电流密度。

由于在纯 H_2SO_4 溶液中砷黄铁矿的阳极溶解速率较慢，致使该溶液体系中电荷转移电阻较大，R_{dl} 可达上千欧姆。此外由于砷黄铁矿在 H_2SO_4 溶液中反应时元素 Fe、As 优先被氧化溶解，致使碳糊电极表面生成了一层化学组成为 $Fe_{1-x}As_{1-y}S$ 的钝化膜，其中 R_p 和 C_p 则分别代表钝化膜的电阻和电容，其中钝化膜的电容 C_p 一般可用 Helmholtz 公式来表示[30]：

$$C_p = \frac{\varepsilon\varepsilon_0 S}{d_p} \tag{3-10}$$

式中，ε_0，ε 分别为真空和钝化膜的介电常数；S 为钝化膜面积。

一般来说，钝化膜电容仅取决于钝化膜厚度，由于砷黄铁矿在纯 H_2SO_4 溶液中氧化溶解速率很慢，致使缺金属硫化物层的厚度较大，而且由于缺金属硫化物层的电子和离子电导率低，介电常数较小，使得钝化层电容也随之较小，致使其电阻 R_p 数值较大。由于砷黄铁矿氧化溶解的阻抗相比钝化层电阻而言较小，电容较大，因此可被忽略。此外，由于电极表面粗糙及能量耗散等原因使得电极反应过程常表现为非理想电容，等效电路中一般用常相位角元件 CPE 替代理想电容，其阻抗 Z_{CPE} 可由式（3-11）表示：

$$Z_{CPE} = Y^{-1}(jw)^{-n} \tag{3-11}$$

式中，w 为阻抗频率，$w = 2\pi f$；Y，n 为常相位角元件参数，$0<n<1$，特别是当 $n=1$ 时，常相位角元件等同于理想电容，此时 $Y=C$，$Z=(jwC)^{-1}$，事实上理想电容器是一个相位角为 90° 的常相位角元件 CPE。

由于砷黄铁矿在 H_2SO_4 溶液中的氧化速率很慢，致使电极表面砷黄铁矿晶体中存在许多 Fe、As 空位，由此推断 CPE 元件代表碳糊电极表面缺金属硫化物层的高密度点缺陷。综上可知，砷黄铁矿在 H_2SO_4 溶液中反应的总阻抗较大，致使砷黄铁矿难以在 H_2SO_4 溶液中被氧化浸出。

3.3.6.2 H_2SO_4-$Fe_2(SO_4)_3$ 体系

Fe（Ⅲ）浓度对砷黄铁矿在 H_2SO_4-$Fe_2(SO_4)_3$ 溶液中开路电位的影响如图 3-47 所示，开路电位测试时长为 30min。由图可知，当 H_2SO_4 溶液中加入一定量的 Fe（Ⅲ）作为氧化剂后，反应体系的腐蚀电位明显升高，溶液的氧化性增强。砷黄铁矿碳糊电极的开路电位在反应的前 10min 内均迅速升高，之后反应体系的开路电位基本不再随时间变化而趋于稳定。在 Fe（Ⅲ）浓度为 0.10mol/L 的 H_2SO_4-$Fe_2(SO_4)_3$ 溶液中，砷黄铁矿的开路电位由 0.46mV 升高至 0.56mV；而当 Fe（Ⅲ）浓度为 0.80mol/L 时砷黄铁矿的开路电位则由 0.48mV 升高至 0.60mV。反应体系的腐蚀电位升高，表明反应过程中砷黄铁矿表面发生了钝化现象，致使砷黄铁矿在 H_2SO_4-$Fe_2(SO_4)_3$ 溶液中的氧化溶解速率降低，腐蚀电流密度逐渐减小。当反应体系达到稳定时，砷黄铁矿在 H_2SO_4-$Fe_2(SO_4)_3$ 溶液中的开路电位随 Fe（Ⅲ）浓度的增大而升高，说明 Fe（Ⅲ）浓度的增大可提高 H_2SO_4 溶液体系的氧化性。

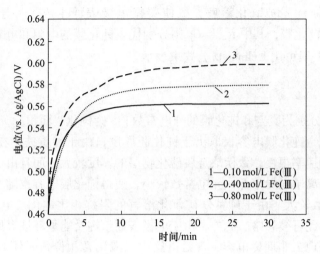

图 3-47　Fe(Ⅲ) 浓度对砷黄铁矿在 H_2SO_4-$Fe_2(SO_4)_3$ 溶液中开路电位的影响
(25℃, 0.20mol/L H_2SO_4)

砷黄铁矿在不同浓度 Fe(Ⅲ) 的 H_2SO_4-$Fe_2(SO_4)_3$ 溶液中极化曲线测试结果如图 3-48 所示。在反应温度为 25℃、H_2SO_4 浓度为 0.20mol/L 和电压扫速为 0.20mV/s 的条件下,砷黄铁矿在 H_2SO_4-$Fe_2(SO_4)_3$ 溶液中的腐蚀电位随着 Fe(Ⅲ)浓度的增加而升高。由阴阳极极化曲线拟合结果可知,砷黄铁矿在 H_2SO_4-$Fe_2(SO_4)_3$ 溶液中的腐蚀电流密度约为 $1×10^{-5}$ A/cm², 高于同条件下砷黄铁矿在 H_2SO_4 溶液中的腐蚀电流密度,说明 Fe(Ⅲ) 作为氧化剂在一定程度上可以促进砷黄铁矿的氧化溶解。

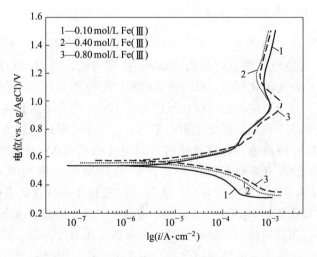

图 3-48　Fe(Ⅲ) 浓度对砷黄铁矿在 H_2SO_4-$Fe_2(SO_4)_3$ 溶液中极化曲线的影响

根据阳极极化曲线的形状可将其大致分为 4 个电势区域：当电压为 OCP ~ 0.70V 时，反应体系的极化电流密度随电压的升高急剧增大，表明在该电压范围内砷黄铁矿快速溶解；当扫描电压处于 0.70 ~ 0.95V 的范围内时，反应体系的腐蚀电流密度随电压的增幅减小，表明在反应过程中由于 Fe、As 的优先溶解，致使砷黄铁矿表面形成了 $Fe_{1-x}As_{1-y}S$ 的钝化膜，使砷黄铁矿的氧化溶解速率降低；而当扫描电压由 1V 升高至 1.20V 时，反应体系的腐蚀电流密度随电压的增大反而明显减小，说明在该电压下砷黄铁矿表面又生成了新的单质硫或铁矾钝化膜，严重阻碍了砷黄铁矿的进一步氧化溶解；当扫描电压继续升高至 1.20V 以上时，反应体系的腐蚀电流密度又有所增大，说明在高电压下，砷黄铁矿表面发生了过钝化现象，单质硫等钝化膜开始逐渐溶解，砷黄铁矿的氧化溶解速率随之增大。

在反应温度为 25℃、Fe(Ⅲ) 浓度为 0.40mol/L、H_2SO_4 浓度为 0.20mol/L 的条件下，砷黄铁矿在 H_2SO_4-$Fe_2(SO_4)_3$ 溶液中反应过程中 30min、75min、150min、225min、300min 和 375min 不同开路电位时间下的电化学阻抗谱如图 3-49 所示。从图 3-49（b）中可以看出不同开路电位时间下的电化学阻抗谱中均存在两个相位角为正的时间常数，图 3-49（a）中也包含两个电容弧，说明砷黄铁矿在 H_2SO_4-$Fe_2(SO_4)_3$ 溶液中的氧化溶解涉及两个电化学反应过程。电化学阻抗谱经拟合的等效电路图如图 3-50 所示，其中 Q_1 和 R_1 与 Fe(Ⅲ) 自身氧化还原反应过程有关，而 Q_2 和 R_2 则与砷黄铁矿的氧化溶解相关，等效电路图中各元件的定量分析结果见表 3-43。可以看出，与 0.50mol/L H_2SO_4 溶液中的电化学阻抗谱相比，砷黄铁矿在 H_2SO_4-$Fe_2(SO_4)_3$ 溶液中反应的总极化电阻降低了约一个数量级，由此可知，向 H_2SO_4 溶液中添加一定量的 Fe(Ⅲ) 作为氧化剂，可以显著降低反应体系的总阻抗，进而有利于促进砷黄铁矿的氧化溶解。而且由定量分

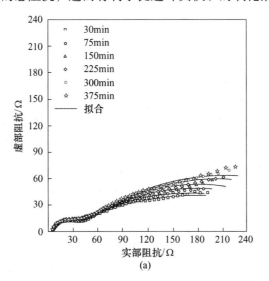

(a)

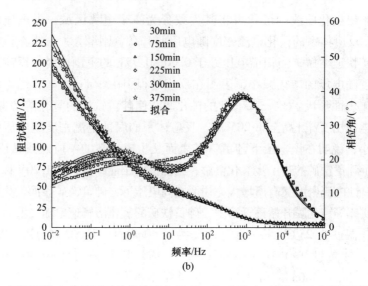

图 3-49 不同开路电位时间下砷黄铁矿在 H_2SO_4-$Fe_2(SO_4)_3$ 溶液中的电化学阻抗谱测试

(a) Nyquist 图；(b) Bode 图

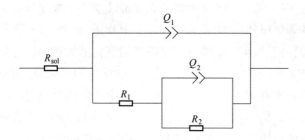

图 3-50 砷黄铁矿在 H_2SO_4-$Fe_2(SO_4)_3$ 溶液中的等效电路图

析结果可知，体系的溶液电阻约为 5Ω，并且 R_1 和 R_2 的阻值均随着反应的进行而逐渐增大，R_1 的电阻由 18.40Ω 增加到 33.30Ω，而 R_2 的电阻由 281Ω 增加到 347Ω，致使反应体系的极化电阻也不断增大。由此可见，随着反应的进行，溶液体系的氧化性不断降低，以及砷黄铁矿表面钝化膜的生长，均致使砷黄铁矿在 H_2SO_4-$Fe_2(SO_4)_3$ 溶液中反应的总阻抗不断增大，氧化溶解速率随之降低。

表 3-43 不同开路电位下砷黄铁矿在 H_2SO_4-$Fe_2(SO_4)_3$ 溶液中
等效电路各元件的定量分析结果

要素	30min	75min	150min	225min	300min	375min
R_{sol}	4.70	4.69	4.66	4.64	4.62	4.62
Q_1-Y/S·s^n·cm^{-2}	5.39×10^{-5}	6.37×10^{-5}	7.47×10^{-5}	8.54×10^{-5}	9.06×10^{-5}	9.70×10^{-5}
Q_1-n	0.84	0.83	0.82	0.81	0.80	0.79

续表3-43

要素	30min	75min	150min	225min	300min	375min
R_1	18.40	23.60	27.10	31	31.80	33.30
$Q_2\text{-}Y/S \cdot s^n \cdot cm^{-2}$	7.02×10^{-3}	8.10×10^{-3}	8.52×10^{-3}	7.96×10^{-3}	8.34×10^{-3}	8.21×10^{-3}
$Q_2\text{-}n$	0.34	0.39	0.42	0.45	0.44	0.45
R_2	306	281	290	293	329	347
拟合度	5.23×10^{-4}	6.00×10^{-4}	6.78×10^{-4}	6.56×10^{-4}	7.22×10^{-4}	7.01×10^{-4}

Fe(Ⅲ) 浓度对砷黄铁矿在 $H_2SO_4\text{-}Fe_2(SO_4)_3$ 溶液中氧化浸出影响的电化学阻抗谱如图 3-51 所示。在反应温度为 25℃、H_2SO_4 浓度为 0.20mol/L 的条件下，

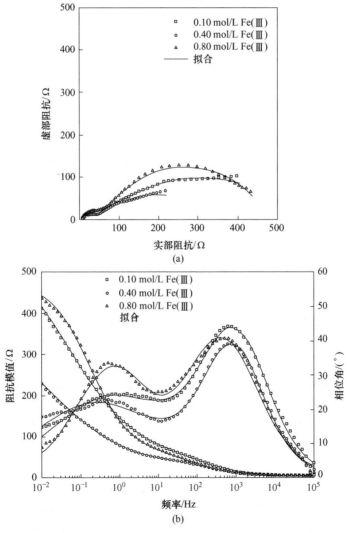

图 3-51　砷黄铁矿在不同浓度 $Fe_2(SO_4)_3$ 溶液的电化学阻抗谱测试
（a）Nyquist 图；（b）Bode 图

分别测试了 Fe(Ⅲ) 浓度为 0.10mol/L、0.40mol/L 和 0.80mol/L 时反应体系的电化学阻抗谱。由于砷黄铁矿在不同浓度 $Fe_2(SO_4)_3$ 溶液中的 Bode 相位图中均存在两个时间常数，而且电化学阻抗谱经拟合后的等效电路图仍如图 3-50 所示，说明 Fe(Ⅲ) 浓度的变化并不会改变砷黄铁矿在 H_2SO_4-$Fe_2(SO_4)_3$ 溶液中氧化溶解的电化学反应过程，其中高频电容弧仍代表 Fe(Ⅲ) 自身的氧化还原反应过程，而低频电容弧则是由砷黄铁矿氧化溶解所形成的。此外，300min 时等效电路图中各元件的定量分析结果见表 3-44。由表可知，反应体系的溶液电阻仅为 4.50Ω 左右，并且 R_1 和 R_2 的阻值均随着 Fe(Ⅲ) 浓度的升高先减小后增大，当且仅当 Fe(Ⅲ) 浓度为 0.40mol/L 时 R_1 和 R_2 的阻值均最小，分别为 31.80Ω 和 329Ω，从图 3-51（b）中也可以看出，此时反应体系的总极化电阻也最小。由此可知，当 Fe(Ⅲ) 浓度为 0.40mol/L 时 Fe(Ⅲ) 自身的氧化还原活性最高，反应体系的总阻抗最小，砷黄铁矿氧化溶解速率也最快。这与砷黄铁矿在 H_2SO_4-$Fe_2(SO_4)_3$ 溶液中的氧化浸出动力学实验结果一致。

表 3-44　砷黄铁矿在不同浓度 $Fe_2(SO_4)_3$ 溶液中等效电路各元件的定量分析结果

要素	0.10mol/L Fe(Ⅲ)	0.40mol/L Fe(Ⅲ)	0.80mol/L Fe(Ⅲ)
R_{sol}	4.48	4.62	4.76
Q_1-$Y/S \cdot s^n \cdot cm^{-2}$	8.50×10^{-5}	9.06×10^{-5}	1.96×10^{-4}
Q_1-n	0.78	0.80	0.73
R_1	52	31.80	61.20
Q_2-$Y/S \cdot s^n \cdot cm^{-2}$	3.60×10^{-3}	8.34×10^{-3}	2.60×10^{-3}
Q_2-n	0.47	0.44	0.67
R_2	509	329	416
拟合度	4.89×10^{-4}	7.22×10^{-4}	7.32×10^{-4}

　　机械活化后砷黄铁矿在 H_2SO_4-$Fe_2(SO_4)_3$ 溶液中的电化学阻抗谱如图 3-52 所示。反应温度为 25℃，$Fe_2(SO_4)_3$ 浓度为 0.20mol/L，H_2SO_4 浓度为 0.20mol/L，开路电位时间分别为 30min、75min、150min、225min、300min 和 375min。不同反应时间下的 Bode 相位图中均存在两个时间常数，Nyquist 图中也包含两个电容弧，而且电化学阻抗谱经 ZSimpWin 软件拟合后的等效电路图仍如图 3-50 所示，说明机械活化后的砷黄铁矿在 H_2SO_4-$Fe_2(SO_4)_3$ 溶液中的氧化溶解也涉及两个电极反应过程。R_1 和 Q_1 代表的是 Fe(Ⅲ) 自身的氧化还原反应过程，而 R_2 和 Q_2 则与砷黄铁矿阳极氧化溶解有关，此外等效电路中各元件的定量分析结果见表 3-45。从表中可以看出，随着反应的进行 R_1 的阻值略有下降，而 R_2 的阻值却不断增大，由 30min 时的 181Ω 增大至 290Ω 左右，致使总的极化电阻增大，由此说明砷黄铁矿在 H_2SO_4-$Fe_2(SO_4)_3$ 溶液中反应的阻抗不断增大，氧化溶解速率随之降低，致使砷黄铁矿的浸出率在反应后期基本不再随时间变化。对比未球磨和

球磨 5h 后的砷黄铁矿在 H_2SO_4-$Fe_2(SO_4)_3$ 溶液中的反应模型和定量分析结果可知，机械活化预处理不会改变砷黄铁矿在 H_2SO_4-$Fe_2(SO_4)_3$ 溶液中的电化学反应过程，而仅会使其阻抗等参数发生量变。经 5h 机械活化后的砷黄铁矿在反应过程中 R_1 由未球磨前的 33.30Ω 降低至 10.70Ω，而 R_2 则由未球磨前的 347Ω 降低至 290Ω 左右，说明经机械活化后的砷黄铁矿可增大溶液中 Fe(Ⅲ) 的反应活性，而且有利于促进砷黄铁矿在 H_2SO_4-$Fe_2(SO_4)_3$ 溶液中的氧化溶解，致使砷黄铁矿的浸出率显著提高，这与机械活化 5h 后砷黄铁矿在 H_2SO_4-$Fe_2(SO_4)_3$ 溶液中的浸出动力学实验结果一致。

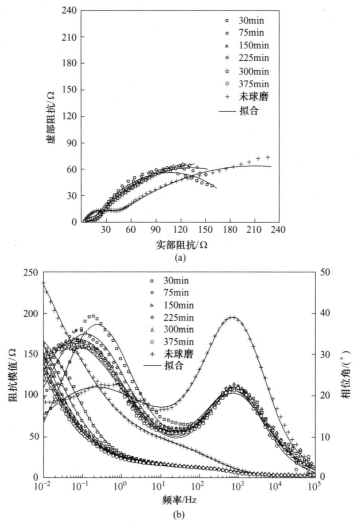

图 3-52　机械活化后的砷黄铁矿在 H_2SO_4-$Fe_2(SO_4)_3$ 溶液中的电化学阻抗谱测试
（a）Nyquist 图；（b）Bode 图

表 3-45　机械活化后砷黄铁矿在 H_2SO_4-$Fe_2(SO_4)_3$ 溶液中
等效电路各元件的定量分析结果

要素	30min	75min	150min	225min	300min	375min
R_{sol}	4.85	4.90	4.85	4.88	4.92	5.04
$Q\text{-}Y/S \cdot s^n \cdot cm^{-2}$	1.74×10^{-4}	3.69×10^{-4}	1.06×10^{-4}	3.13×10^{-4}	9.87×10^{-4}	2.57×10^{-4}
$Q\text{-}n$	0.67	0.70	0.72	0.72	0.73	0.75
R_1	13.40	12.90	12.48	11.90	11.45	10.70
$Q\text{-}Y/S \cdot s^n \cdot cm^{-2}$	4.32×10^{-3}	1.87×10^{-2}	7.37×10^{-3}	2.44×10^{-2}	8.49×10^{-3}	2.70×10^{-2}
$Q\text{-}n$	0.71	0.64	0.59	0.57	0.56	0.55
R_2	181	227	266	290	291	284
拟合度	1.63×10^{-3}	1.45×10^{-3}	5.41×10^{-4}	7.92×10^{-4}	7.07×10^{-4}	5.95×10^{-4}

3.4　砷黄铁矿加压浸出

3.4.1　砷黄铁矿浸出动力学

3.4.1.1　搅拌速度的影响

不同搅拌速度下砷黄铁矿的浸出效果如图 3-53 和图 3-54 所示。采用的试验条件为：温度 140℃，氧分压 0.7MPa，初始酸度 0.4mol/L，矿样粒度 38~25μm（400~500 目），液固比 1∶200。在不同搅拌速度下（300r/min、500r/min、700r/min、900r/min）分别浸出 1h 和 2h。从图中可以看出，搅拌速度从 300r/min 增大到 500r/min，砷和铁的浸出率略有提高；当搅拌速度大于 500r/min 时，其

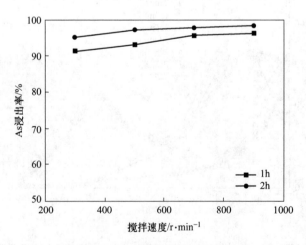

图 3-53　搅拌速度对砷浸出率的影响

对砷和铁的浸出率影响有限，表明在实验条件下，搅拌速度大于 500r/min 时，反应受外扩散的影响已经很小。

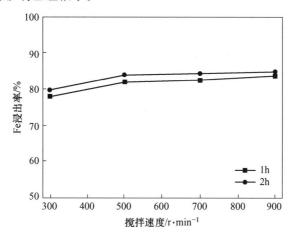

图 3-54 搅拌速度对铁浸出率的影响

3.4.1.2 浸出温度的影响

不同温度下砷黄铁矿砷和铁的浸出率与反应时间的关系如图 3-55 和图 3-56 所示。采用的试验条件为：氧分压 0.7MPa，初始酸度 0.4mol/L，粒度 $38 \sim 25 \mu m$（400~500 目），液固比 1:200，搅拌速度 700r/min。

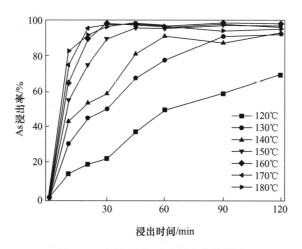

图 3-55 浸出温度对砷浸出率的影响

通过未反应核收缩模型的控制条件，对各个温度下的浸出数据进行拟合，结果见表 3-46 和表 3-47。

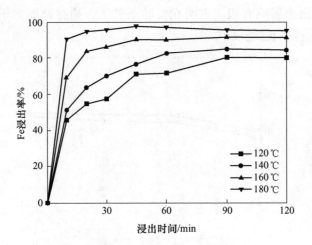

图 3-56 浸出温度对铁浸出率的影响

表 3-46 不同浸出温度下砷浸出动力学模型的决定系数

浸出温度/℃	动力学模型		
	$1 - (1 - x)^{1/3}$	$1 - 2x/3 - (1 - x)^{2/3}$	$1/3\ln(1 - x) + (1 - x)^{-1/3} - 1$
120	0.99	0.96	0.90
130	0.99	0.96	0.75
140	0.97	0.93	0.74
150	0.99	0.97	0.81
160	0.99	0.98	0.86
170	0.99	0.99	0.86
180	0.92	0.96	0.98

表 3-47 不同浸出温度下铁浸出动力学模型的决定系数

浸出温度/℃	动力学模型		
	$1 - (1 - x)^{1/3}$	$1 - 2x/3 - (1 - x)^{2/3}$	$1/3\ln(1 - x) + (1 - x)^{-1/3} - 1$
120	0.82	0.95	0.98
140	0.84	0.97	0.99
160	0.94	0.99	0.98
180	0.84	0.87	0.99

对于砷的浸出，三种动力学模型拟合结果表明，浸出温度为120℃、130℃、140℃、150℃、160℃和170℃时，$1-(1-x)^{1/3}$ 与浸出时间 t 的线性拟合的决定系数 R^2 大于其他模型拟合的决定系数，砷的浸出受化学反应控制；当温度为

180℃时，则 $1/3\ln(1-x)+(1-x)^{-1/3}-1$ 与浸出时间 t 线性拟合的决定系数优于其他模型，表明此时砷浸出受混合控制。造成这种变化的原因可能是随着温度升高，化学反应速度的增幅大于扩散速度的增幅，化学反应速度与扩散速度逐渐接近。当温度为180℃时，化学反应速度约等于扩散速度，浸出反应从化学控制变成了混合控制。由文献研究可知扩散速度的温度系数较小，而化学反应速度的温度系数大[43]。此外，通过热力学分析可知，砷酸铁沉淀生成的反应为吸热反应，温度升高，反应向右进行的趋势越大。FeAsS-H$_2$O 体系的电位-pH 图分析表明，随着温度升高，砷酸铁的稳定区扩大。因此，浸出反应的反应机理改变的另一个可能原因是，随着温度升高，砷酸铁的生成阻碍了固态产物层的扩散，进而降低了扩散速度，使得浸出反应从化学控制变成混合控制。

通过图 3-55 的数据对 $1-(1-x)^{1/3}$ 与浸出时间 t 作图，结果如图 3-57 所示。依据的阿累尼乌斯（Arrhenius）方程如下：

$$k = A\exp\left(-\frac{E}{RT}\right) \tag{3-12}$$

式中，k 为反应的速率常数；T 为绝对温度；A 为指前因子；E 为反应活化能；R 为气体常数。

由图 3-57 各直线斜率可以得到各个温度下砷浸出反应的表观速率常数 k。

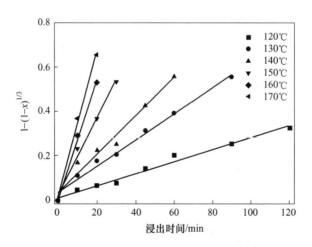

图 3-57 不同温度条件下砷浸出 $1-(1-x)^{1/3}$ 与时间 t 的关系

以 $\ln k$ 对 $1/(RT)$ 作图可拟合线性方程（见图 3-58），通过线性拟合的方程斜率可得反应活化能为 70.06kJ/mol。此结果与 Papangelakis 等学者计算的结果 72.1kJ/mol 相近[44]。由上述结果可得浸出温度对砷浸出率影响的动力学方程如下：

$$\ln k = -8.82 \times 10^3 \frac{1}{T} + 16.66 \tag{3-13}$$

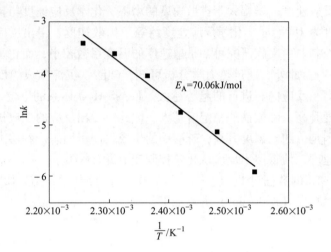

图 3-58   砷浸出 Arrhenius 线性方程

对于铁的浸出，三种动力学模型拟合结果表明，混合控制模型的线性拟合的决定系数整体上优于其他模型。因此，铁的浸出反应受混合控制。通过图 3-56 的数据对 $1/3\ln(1-x) + (1-x)^{-1/3} - 1$ 与浸出时间 t 作图，结果如图 3-59 所示。由图 3-59 的斜率可以得到各个温度下表观速率常数 k。

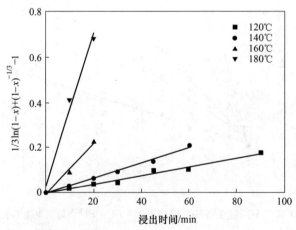

图 3-59   不同温度条件下铁浸出 $1/3\ln(1-x) + (1-x)^{-1/3} - 1$ 与时间 t 的关系

以 $\ln k$ 对 $1/(RT)$ 作图可拟合线性方程（见图 3-60），通过线性拟合的方程斜率可得反应活化能为 72.06kJ/mol。由上述结果可得浸出温度对铁浸出率影响的动力学方程如下：

$$\ln k = -7.29 \times 10^3 \frac{1}{T} + 12.80 \tag{3-14}$$

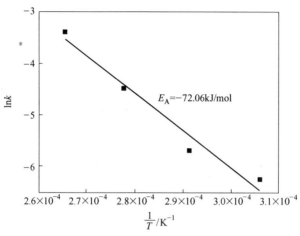

图 3-60 铁浸出 Arrhenius 线性方程

3.4.1.3 氧分压的影响

不同氧分压的砷浸出率与浸出时间的关系如图 3-61 所示。试验条件为：初始酸度 0.4mol/L，粒度 38~25μm（400~500 目），液固比 1∶200，搅拌速度 700r/min，氧分压分别为 0.5MPa、0.7MPa、0.8MPa 和 0.9MPa。三种动力学模型拟合分析结果表明，化学反应控制模型拟合结果优于扩散控制模型和混合控制模型（见表 3-48），即在实验条件下，砷的浸出受化学反应控制。通过图 3-61 的实验数据以 $1-(1-x)^{1/3}$ 对浸出时间 t 作图，结果如图 3-62 所示，由图中各直线斜率可以得到各个氧分压下表观速率常数 k。

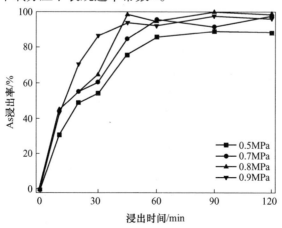

图 3-61 不同氧分压对砷浸出率的影响

表 3-48 不同氧分压条件下砷浸出动力学模型的决定系数

氧分压/MPa	动力学模型		
	$1 - (1 - x)^{1/3}$	$1 - 2x/3 - (1 - x)^{2/3}$	$1/3\ln(1 - x) + (1 - x)^{-1/3} - 1$
0.5	0.99	0.93	0.84
0.7	0.97	0.91	0.78
0.8	0.90	0.80	0.63
0.9	0.99	0.96	0.86

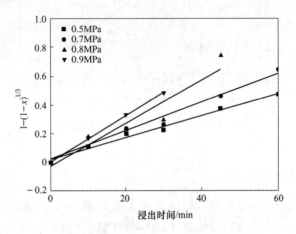

图 3-62 不同氧分压条件下 $1 - (1 - x)^{1/3}$ 与时间 t 的关系

通过图 3-62 的数据以 $\ln k$ 与 $\ln p_{O_2}$ 作图,结果如图 3-63 所示。可以看出,在实验条件下,随着氧分压增大,反应的速率常数增大。由拟合直线的斜率可知,

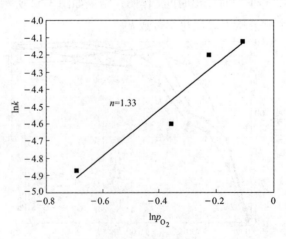

图 3-63 砷黄铁矿加压浸出过程 $\ln k$ 与 $\ln p_{O_2}$ 关系

砷浸出反应表观级数 n 为 1.33，与 Papangelakis[44] 等人计算的表观影响级数 n 为 0.9 相接近。由上述结果可得氧分压对砷浸出率影响的动力学方程如下：

$$\ln k = 1.33\ln p_{O_2} - 3.90 \tag{3-15}$$

同样的，不同氧分压对铁浸出的影响如图 3-64 所示。三种动力学模型拟合结果表明，混合控制模型线性拟合结果优于扩散控制模型和化学反应控制模型，即铁的浸出受混合控制（见表 3-49）。针对图 3-64 的实验数据以 $1/3\ln(1-x) + (1-x)^{-1/3} - 1$ 与浸出时间 t 作图，结果如图 3-65 所示，由此可以计算出各个氧分压下表观速率常数 k。

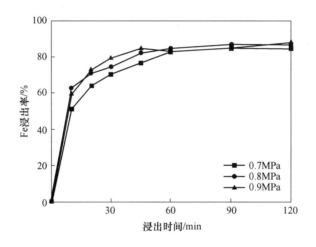

图 3-64 不同氧分压对铁浸出率的影响

表 3-49 不同氧分压铁浸出动力学模型的决定系数

氧分压/MPa	动力学模型		
	$1-(1-x)^{1/3}$	$1-2x/3-(1-x)^{2/3}$	$1/3\ln(1-x)+(1-x)^{-1/3}-1$
0.7	0.83	0.95	0.99
0.8	0.84	0.97	0.99
0.9	0.77	0.91	0.98

通过图 3-65 的实验数据以 $\ln k$ 与 $\ln p_{O_2}$ 作图，结果如图 3-66 所示。由亨利定律可知，随着氧分压增大，氧在浸出液中的溶解度增大，进而使得铁的浸出速率提高。从图 3-66 中可以看出，随着氧分压增大，反应的速率常数增大，反应速度加快。由拟合直线的斜率可知，表观影响级数 n 为 1.74。由上述结果可得氧分压对铁浸出率影响的动力学方程如下：

$$\ln k = 1.74\ln p_{O_2} - 5.07 \tag{3-16}$$

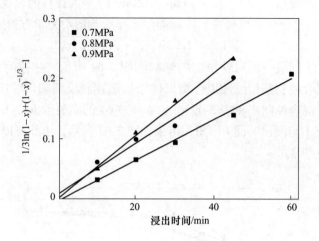

图 3-65　不同氧分压铁浸出 $1/3\ln(1-x)+(1-x)^{-1/3}-1$
与时间 t 的关系

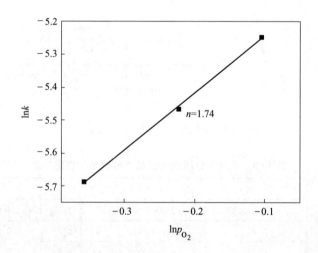

图 3-66　不同氧分压铁浸出 $\ln k$ 与 $\ln p_{O_2}$ 关系

3.4.1.4　初始酸度的影响

不同初始酸度下砷黄铁矿砷和铁的浸出随时间变化分别如图 3-67 和图 3-68 所示。采用的试验条件为：浸出温度 140℃，氧分压 0.7MPa，粒度 38～25μm（400～500 目），液固比 1∶200，搅拌速度 700r/min。硫酸初始浓度分别为 0.1mol/L、0.15mol/L 和 0.25mol/L。

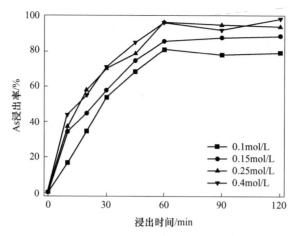

图 3-67 初始 H_2SO_4 浓度对 As 浸出率的影响

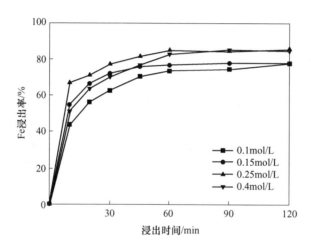

图 3-68 初始 H_2SO_4 浓度对 Fe 浸出率的影响

不同初始 H_2SO_4 浓度下砷浸出动力学模型的决定系数见表 3-50，铁浸出动力学模型的决定系数见表 3-51。

表 3-50 不同初始 H_2SO_4 浓度下砷浸出动力学模型的决定系数

硫酸初始浓度	动力学模型		
/mol · L^{-1}	$1-(1-x)^{1/3}$	$1-2x/3-(1-x)^{2/3}$	$1/3\ln(1-x)+(1-x)^{-1/3}-1$
0.1	0.99	0.95	0.87
0.15	0.99	0.97	0.86
0.25	0.97	0.93	0.68
0.4	0.99	0.97	0.75

表 3-51   不同初始 H_2SO_4 浓度下铁浸出动力学模型的决定系数

硫酸初始浓度 /mol·L⁻¹	动力学模型		
	$1 - (1 - x)^{1/3}$	$1 - 2x/3 - (1 - x)^{2/3}$	$1/3\ln(1 - x) + (1 - x)^{-1/3} - 1$
0.1	0.83	0.96	0.99
0.15	0.70	0.84	0.98
0.25	0.70	0.85	0.98
0.4	0.84	0.97	0.99

　　三种动力学模型拟合结果表明,对于砷的浸出,化学反应控制模型线性拟合结果优于扩散控制模型和混合控制模型。需要指出的是,Papangelakis 等人[44]称高酸条件下易生成砷酸铁沉淀,酸度的大幅度提高会影响固态产物层的性质,从而改变浸出反应速度的控制步骤。对于铁的浸出,混合控制模型的拟合结果优于化学反应和扩散控制模型。通过砷的浸出数据以 $1 - (1 - x)^{1/3}$ 与浸出时间 t 作图,结果如图 3-69 所示。通过铁的浸出的数据以 $1/3\ln(1 - x) + (1 - x)^{-1/3} - 1$ 与浸出时间 t 作图,结果如图 3-70 所示。计算得出各个酸度下砷和铁的浸出学反应的表观速率常数 k,再以 $\ln k$ 与 $\ln c_{H_2SO_4}$ 作图,结果如图 3-71 和图 3-72 所示。

　　可以看出,在一定范围内,提高初始硫酸浓度,砷和铁浸出反应速率常数也增大。选取初始硫酸浓度为 0.1mol/L、0.15mol/L、0.25mol/L 的数据进行线性拟合。计算结果表明,砷黄铁矿氧化酸浸的初始硫酸浓度的表观反应级数为0.33。初始硫酸浓度对砷浸出率影响的动力学方程如下:

$$\ln k = 0.37\ln c_{H_2SO_4} - 4.11 \tag{3-17}$$

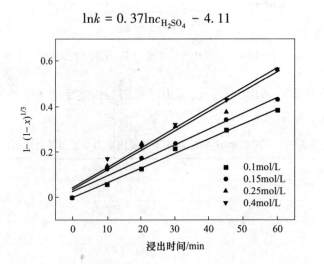

图 3-69   不同硫酸浓度砷浸出 $1-(1-x)^{1/3}$ 与时间 t 的关系

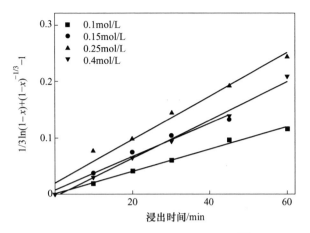

图 3-70　不同硫酸浓度铁浸出 $1/3\ln(1-x) + (1-x)^{-1/3} - 1$ 与时间 t 的关系

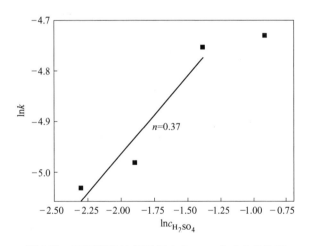

图 3-71　不同硫酸浓度砷浸出 $\ln c_{H_2SO_4}$ 与 $\ln k$ 的关系

砷黄铁矿铁浸出过程初始硫酸浓度的表观反应级数为 0.71，初始硫酸浓度对铁浸出率影响的动力学方程如下：

$$\ln k = 0.71\ln c_{H_2SO_4} - 4.55 \tag{3-18}$$

3.4.1.5　矿样粒度的影响

不同粒度下砷和铁浸出率与反应时间的关系分别如图 3-73 和图 3-74 所示。采用的试验条件为：浸出温度 140℃，氧分压 0.7MPa，初始硫酸浓度 0.4mol/L，液固比 1：200，搅拌速度 700r/min。三种动力学模型拟合结果表明（见表 3-52 和表 3-53），砷的浸出受化学反应控制，而铁的浸出受混合控制。

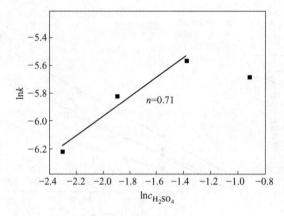

图 3-72 不同硫酸浓度铁浸出 $\ln c_{H_2SO_4}$ 与 $\ln k$ 的关系

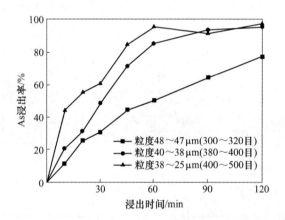

图 3-73 矿样粒度对 As 浸出率的影响

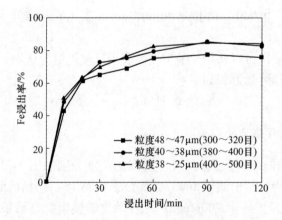

图 3-74 矿样粒度对 Fe 浸出率的影响

表 3-52 不同矿样粒度下砷浸出动力学模型的决定系数

矿样粒度/mm	动力学模型		
	$1 - (1 - x)^{1/3}$	$1 - 2x/3 - (1 - x)^{2/3}$	$1/3\ln(1 - x) + (1 - x)^{-1/3} - 1$
48.7	0.99	0.96	0.88
29.3	0.98	0.95	0.94
16.5	0.97	0.93	0.74

表 3-53 不同矿样粒度下铁浸出动力学模型的决定系数

矿样粒度/mm	动力学模型		
	$1 - (1 - x)^{1/3}$	$1 - 2x/3 - (1 - x)^{2/3}$	$1/3\ln(1 - x) + (1 - x)^{-1/3} - 1$
48.7	0.72	0.86	0.95
29.3	0.77	0.91	0.99
16.5	0.84	0.97	0.99

针对图 3-73 的数据以 $1 - (1 - x)^{1/3}$ 与浸出时间 t 作图，结果如图 3-75 所示。针对图 3-74 的数据以 $1/3\ln(1 - x) + (1 - x)^{-1/3} - 1$ 与浸出时间 t 作图，结果如图 3-76 所示。计算得出各个矿样粒度下表观速率常数 k，并以 $\ln k$ 与 $\ln(1/r)$ 作图，结果如图 3-77 和图 3-78 所示。

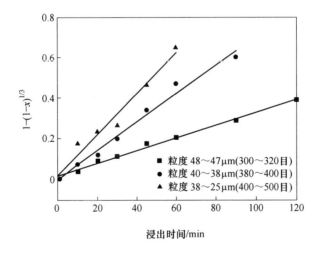

图 3-75 不同矿样粒度砷浸出 $1 - (1 - x)^{1/3}$ 与时间 t 的关系

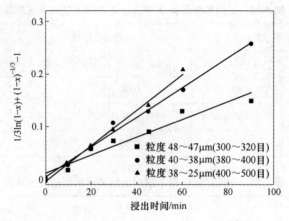

图 3-76 不同矿样粒度铁浸出 $1/3\ln(1-x) + (1-x)^{-1/3} - 1$ 与时间 t 的关系

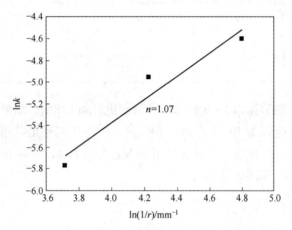

图 3-77 不同矿样粒度砷浸出 $\ln(1/r)$ 与 $\ln k$ 的关系

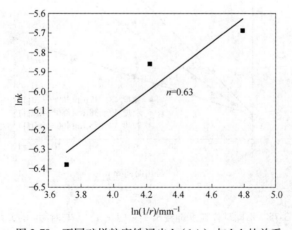

图 3-78 不同矿样粒度铁浸出 $\ln(1/r)$ 与 $\ln k$ 的关系

砷黄铁矿砷的浸出表观反应级数为 1.07，矿样粒度对砷浸出率影响的动力学方程如下：

$$\ln k = 1.07\ln(1/r) - 9.63 \tag{3-19}$$

铁浸出的矿样粒度的表观反应级数为 0.63，矿样粒度对铁浸出率影响的动力学方程如下：

$$\ln k = 0.63\ln(1/r) - 8.67 \tag{3-20}$$

3.4.1.6　砷黄铁矿加压浸出宏观动力学

根据上述研究结果，表观速率常数 k 与温度、氧分压、初始硫酸浓度和矿样粒度的关系可表示如下：

$$k = k_0 \times p_{O_2}^{n_1} \times c_{H_2SO_4}^{n_2} \times \frac{1}{r} \times \exp\left(\frac{-E}{RT}\right)t \tag{3-21}$$

将试验数据代入，可得 k_0 的平均值为 1.57×10^8。因此，在上述实验条件下，砷黄铁矿加压浸出砷浸出的宏观动力学方程可表示如下：

$$1 - (1 - x)^{\frac{1}{3}} = 1.90 \times 10^8 \times c_{H_2SO_4}^{0.37} \times p_{O_2}^{1.33} \times \frac{1}{r^{1.07}} \times \exp\left(\frac{-70060}{RT}\right)t \tag{3-22}$$

为验证该模型的准确性，选取浸出条件为：温度 140℃，氧分压 0.7MPa，初始酸度 0.15mol/L，粒度 38~25μm（400~500 目），液固比 1：200。将该条件的试验结果与式（3-22）模型计算结果比较作图，结果如图 3-79 所示。结果表明浸出温度 140℃时，模型拟合效果较好。

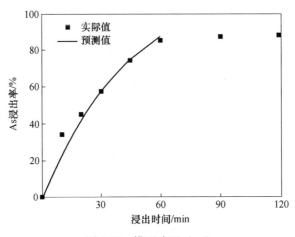

图 3-79　模型验证（一）

另选取浸出条件为：温度 130℃，氧分压 0.7MPa，初始酸度 0.4mol/L，粒度 38~25μm（400~500 目），液固比 1∶200。将该条件的试验结果与式（3-22）模型计算结果比较作图，结果如图 3-80 所示。结果表明浸出温度 130℃ 时，模型拟合效果也同样比较理想。

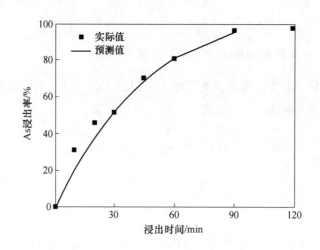

图 3-80　模型验证（二）

3.4.2　砷黄铁矿加压浸出电化学

有研究表明在加温加压条件下砷黄铁矿氧化酸浸时元素硫的氧化行为十分复杂，会阻碍砷黄铁矿的氧化溶解，降低浸出率，而目前对加温条件下砷黄铁矿矿物表面钝化膜的研究仍较少，有待进一步研究。此外，砷黄铁矿是一种典型的半导体矿物，而且在砷黄铁矿常压氧化酸浸过程中均涉及电子转移，属于典型的氧化还原反应，因此可借助电化学手段来探究砷黄铁矿在不同酸性溶液体系中的氧化行为和浸出机理。

砷黄铁矿由于存在夹杂和空隙，导电性较差，难以直接制备成块状电极用于电化学研究。试验通过加入石墨和黏合剂以制备成工作电极，并采用三电极体系研究砷黄铁矿在加温条件下的反应机理。选取氯化银电极作为内部参比电极。国外学者[45]已研究过加温条件下氯化银参比电极的标准电势，氯化银参比电极的标准电势与温度的关系如下：

$$E_{Ag/AgCl,T}^{\ominus} = 0.23735 - 5.3783 \times 10^{-4}T - 2.3728 \times 10^{-6}T^2 \qquad (3-23)$$

饱和氯化银参比电极电势随着温度变化的趋势如图 3-81 所示。

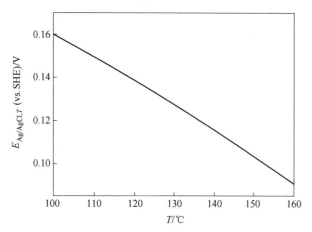

图 3-81 不同温度下饱和氯化银参比电极标准电势

计算不同温度下氯化银参比电极的标准电势，结果见表 3-54。

表 3-54 不同温度下氯化银参比电极的标准电势

温度/℃	100	120	140	160
$E^{\ominus}_{Ag/AgCl, T}$ /V	0.160	0.139	0.116	0.091

电化学测试设备选用内部参比电极，极化曲线测试电解液选用 0.4mol/L 的硫酸，测试温度分别为 100℃、120℃、140℃和 160℃。当温度达到目标温度后，先测试体系的开路电位，当开路电位基本不随时间变化（电势波动范围小于 3mV/min）时，开始测试极化曲线，极化曲线电压扫描速度为 1mV/s。砷黄铁矿在不同温度下的极化曲线测试结果如图 3-82 所示。图 3-82 中砷黄铁矿在不同温度下的阳极极化曲线可以分为三个区域，以 120℃的极化曲线为例，当电位为 E_{corr} ~ 0.367V 时，阳极电流密度随着电位升高而增大；当电位为 0.367~0.409V 时，阳极电流密度随着电位的升高而明显减小，表明反应过程中发生了钝化现象，结合动力学研究结果，可以认为砷黄铁矿表面形成了 $Fe_{1-x}As_{1-y}S$ 的缺金属硫化层或臭葱石（$FeAsO_4 \cdot 2H_2O$），进而阻碍阳极反应的进行；当电位大于 0.409V 时，反应体系的阳极电流密度又随着电位的升高而增大，说明此时砷黄铁矿表面发生了过钝化现象，即在较高电位的情况下，钝化膜发生溶解。

此外，不同温度下发生钝化的电位也有所不同。100℃时钝化电位为 0.348V，120℃时钝化电位为 0.363V，140℃时钝化电位为 0.329V，而 160℃时钝化现象不明显。可以认为随着温度升高，砷黄铁矿表面的钝化现象逐渐减弱，结合热力学试验验证结果和动力学试验结果可知，Fe 和 As 的浸出速率和迁移规律的不同导致了缺金属硫化物的产生，而缺金属硫化物会对砷黄铁矿形成包裹，进而产生钝化现象，随着温度升高，体系的氧化能力增强，更多的 S 被氧化为 SO_4^{2-}，从而减少了钝化膜的产生。

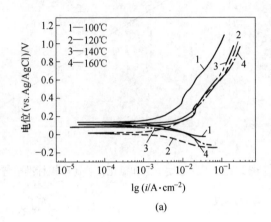

(a)

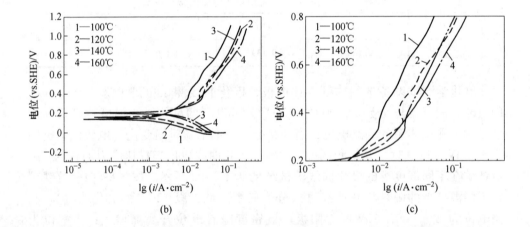

(b)   (c)

图 3-82 砷黄铁矿在不同温度下的极化曲线
（a）参比电极电位校正前；（b）参比电极电位校正后；
（c）0.2~0.8V 阳极极化曲线局部放大图

图 3-83 和表 3-55 表明，温度升高，砷黄铁矿在硫酸体系中腐蚀电位 E_{corr} 提高，腐蚀电流密度 i_{corr} 增大。这与热力学验证试验结果和动力学试验结果一致。此外，温度升高，阳极 β_a 减小，表明温度升高，阳极反应速率增大；而温度升高，阴极 β_c 的绝对值增大，表明阴极反应速率随着温度升高而降低。图 3-83 结果表明阴极和阳极的反应速度改变共同导致了腐蚀电位 E_{corr} 和腐蚀电流密度 i_{corr} 随着温度升高而提高。

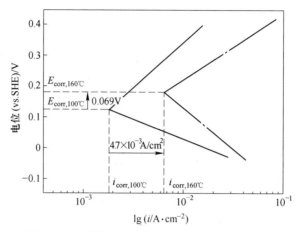

图 3-83　砷黄铁矿在 100℃和 160℃下的 Evans 图

表 3-55　砷黄铁矿在不同温度下极化曲线的 Tafel 方程拟合结果

温度/℃	100	120	140	160
E_{corr}/mV	120	159	174	189
i_{corr}/A·cm^{-2}	2.2×10^{-3}	2.6×10^{-3}	6.6×10^{-3}	6.9×10^{-3}
β_c/mV·dec^{-1}	−131	−138	−251	−255
β_a/mV·dec^{-1}	308	189	183	178

目前对于加温条件下砷黄铁矿加压氧化浸出机理的研究较少。本章研究通过热力学计算绘制了加温条件下 FeAsS-H$_2$O 系电位-pH 图，分析了 FeAsS-H$_2$O 系电位-pH 图随温度变化的规律。热力学计算结果表明 FeAsS-H$_2$O 系电位-pH 图砷酸铁的稳定区随着温度的升高而扩大，验证试验的结果表明随着温度升高，砷和铁的浸出率增大，而 180℃时砷和铁的浸出率反而降低，该现象与 FeAsS-H$_2$O 系电位-pH 图的变化规律一致。

砷黄铁矿加压氧化酸浸的动力学研究结果表明，170℃以下砷黄铁矿中砷元素的浸出过程由表面化学反应控制，而 180℃以上砷的浸出过程转为混合控制。而铁的浸出过程在试验温度范围内均为混合控制，两种元素均遵循"未反应核收缩模型"规律。建立砷黄铁矿加压氧化浸出 As 浸出率动力学模型为：

$$1 - (1 - x)^{\frac{1}{3}} = 1.90 \times 10^8 \times c_{H_2SO_4}^{0.37} \times p_{O_2}^{1.33} \times \frac{1}{r^{1.07}} \times \exp\left(\frac{-70060}{RT}\right) t$$

$$(3-24)$$

电化学研究结果表明，由于 Fe、As、S 元素的溶解迁移速率不同，砷黄铁矿表面形成缺金属硫化物，因此出现了钝化现象，该钝化层会阻碍砷黄铁矿进一步浸出，提高体系的氧化还原电位或提高体系的反应温度均可促进砷黄铁矿的溶解。温度升高，砷黄铁矿在 H$_2$SO$_4$ 溶液中钝化现象逐渐减弱，腐蚀电流密度 i_{corr} 和腐蚀电位 E_{corr} 增大。

4 闪锌矿加压浸出

4.1 闪锌矿物理化学性质

闪锌矿是最重要的锌矿石，是提炼锌的主要矿物原料。闪锌矿主要的化学成分为 ZnS，属等轴晶系的硫化物矿物。成分相同而属于六方晶系的则称纤锌矿。闪锌矿通常含铁，最高可达30%，含铁量大于10%的称为铁闪锌矿。此外，闪锌矿常含锰、镉、铟、铊、镓、锗等稀有元素，因此闪锌矿也是提取上述稀有元素的原料。纯闪锌矿近于无色，但通常因含铁而呈浅黄、黄褐、棕甚至黑色，随含铁量的增加而变深；透明度相应地由透明、半透明至不透明；光泽则由金刚光泽、树脂光泽变至半金属光泽。闪锌矿摩氏硬度为 3~4.5，密度为 3.9~4.2g/cm³，随铁含量的增高，硬度增大而密度降低。闪锌矿主要产于接触矽卡岩型矿床和中低温热液成因矿床中，是分布最广的含锌矿物，经过大自然的风化、石化、雨水冲洗等在地下形成[83]。

本章主要研究考察了云南冶金集团的澜沧地区高铁闪锌矿浮选精矿的加压浸出行为。研究所用的矿样中闪锌矿主要以不规则状单体形式产出，少部分与脉石矿物连生产出。该高铁闪锌矿含铁 14.36%，铁主要以类质同象形式赋存于闪锌矿中，分布率超过50%；另有38%的铁存在于黄铁矿中；铁在黄铜矿、磁黄铁矿等矿物中也有少量分布。非金属矿物主要为石英，其次为白云石，少量的绿泥石、白云母，微量的磷灰石、榍石等。矿样的矿物组成及相对含量见表4-1。

表 4-1 云南冶金集团高铁闪锌矿矿样的矿物组成及相对含量

矿物名称	含量/%	矿物名称	含量/%	矿物名称	含量/%
铁闪锌矿	65.17	黄铁矿	12.54	硫酸锌	1.70
石英	2.38	闪锌矿	2.37	黄铜矿	1.00
菱铁矿	1.24	褐铁矿	1.05	氧化锌	0.63
磁黄铁矿	0.08	磁铁矿	0.07	砷黄铁矿	0.43
方铅矿	0.55	氧化铅	0.54	砷黝铜矿	<0.1
铁矾	<0.2	方解石	<0.2		
长石	<0.1	硫酸铅	3.94		

4.2 铁闪锌矿加压浸出热力学分析

4.2.1 298K 时铁闪锌矿-H_2O 系电位-pH 图

根据参与反应的物质的吉布斯自由能（见表 4-2）绘制 Zn-H_2O 系电位-pH 图，如图 4-1 所示。采用同样的方法可以绘制 Zn-S-H_2O 系电位-pH 图，如图 4-2 所示。

表 4-2 Zn-H_2O 系各物质吉布斯自由能

物　　质	$\Delta_f G_{298}^{\ominus}/kJ \cdot mol^{-1}$
Zn^0	0
Zn^{2+}	−147.2
ZnO	−318.3
$HZnO_2^-$	−463.9
ZnO_2^-	−389.1
H^+	0
H_2O	−237.2

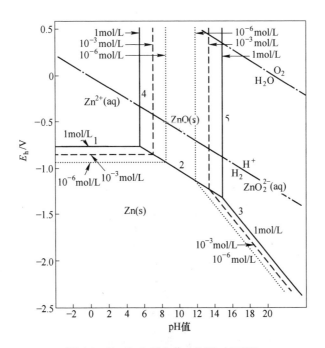

图 4-1 Zn-H_2O 系电位-pH 图（298K）

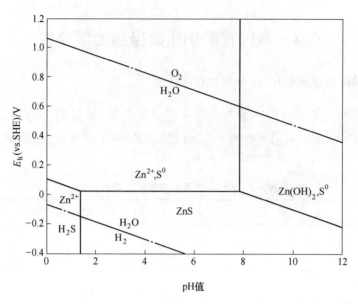

图 4-2   Zn-S-H$_2$O 系电位-pH 图（298K）

对于高铁闪锌矿，所有溶解性的硫与锌物种活度值取 0.1mol/L，取 Fe^{2+} 和 Fe^{3+} 活度值为 0.01mol/L，并假设 p_{H_2S}、p_{O_2}、p_{H_2} 为 0.1MPa，所绘制的 298K 时铁闪锌矿-H$_2$O 系电位-pH 图如图 4-3 和图 4-4 所示。

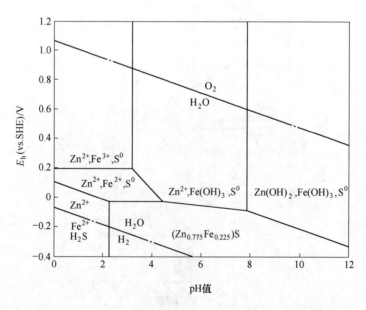

图 4-3   （Zn$_{0.775}$Fe$_{0.225}$）S-H$_2$O 系电位-pH 图 （298K）

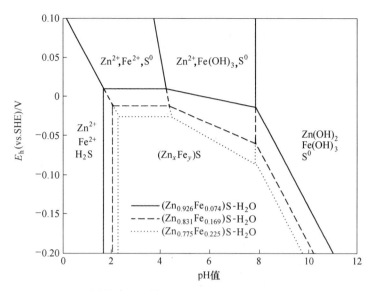

图 4-4　不同铁含量的铁闪锌矿-H_2O 系电位-pH 图（298K）

由图 4-3 和图 4-4 可知，标准状态下铁闪锌矿直接氧化生成 S^0，反应如下：

$$(Zn_{0.775}Fe_{0.225})S = 0.775Zn^{2+} + 0.225Fe^{2+} + S^0 + 2e \qquad (4-1)$$

所需的最低氧化电位为 -0.0247V（vs. SHE，下同），而纯闪锌矿直接氧化生成 S^0，反应如下：

$$ZnS = Zn^{2+} + S^0 + 2e \qquad (4-2)$$

所需的最低氧化电位为 0.0274V。由此可见，铁闪锌矿的氧化溶出过程比纯闪锌矿容易。而铁闪锌矿酸溶生成 H_2S 的反应如下：

$$(Zn_{0.775}Fe_{0.225})S + 2H^+ = 0.775Zn^{2+} + 0.225Fe^{2+} + H_2S \qquad (4-3)$$

允许的最高 pII 值为 2.24。相对丁纯闪锌矿酸溶生成 H_2S 反应如下：

$$ZnS + 2H^+ = Zn^{2+} + H_2S \qquad (4-4)$$

允许的最高 pH 值为 1.36。由此可见，铁闪锌矿比纯闪锌矿容易酸溶生成 H_2S。就矿物的热力学稳定区域而言，铁闪锌矿也明显小于纯闪锌矿。上述分析表明，铁闪锌矿相比纯闪锌矿活泼而更易浸出。不同铁含量的铁闪锌矿-H_2O 系电位-pH 图也表明，随着闪锌矿中置换铁量的增大，铁闪锌矿的热力学稳定区不断缩小，其酸溶反应以及其氧化溶出过程都趋于容易进行，且单质硫的稳定区不断扩大。在 298K 时铁闪锌矿不太可能直接氧化溶出得到 SO_4^{2-}。S^0 是稳定的氧化形态，由 S^0 进一步氧化成 SO_4^{2-} 很困难，其间存在着 300kJ/mol 的能垒。

4.2.2　高温条件下铁闪锌矿-H_2O 系电位-pH 图

在硫化锌精矿加压浸出生产实践中，加压浸出的温度通常选择低于硫熔点

（392K），当选择更高温度时，鉴于硫的聚合问题，一般也不超过 428K[84]。针对性地分析 388K 和 423K 两种温度条件下闪锌矿和铁闪锌矿-H_2O 系电位-pH 图如图 4-5 和图 4-6 所示。不同铁含量的铁闪锌矿-H_2O 系电位-pH 图分别如图 4-7 和图 4-8 所示。

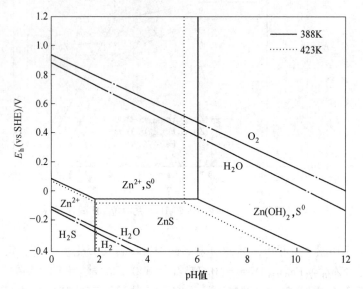

图 4-5　388K 和 423K 下 ZnS-H_2O 系电位-pH 图

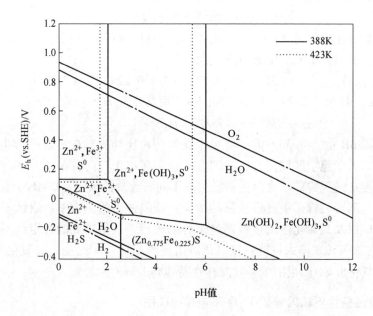

图 4-6　388K 和 423K 下 $(Zn_{0.775}Fe_{0.225})$S-H_2O 系电位-pH 图

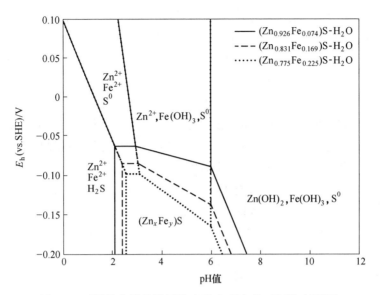

图 4-7 不同铁含量的铁闪锌矿-H_2O 系电位-pH 图（388K）

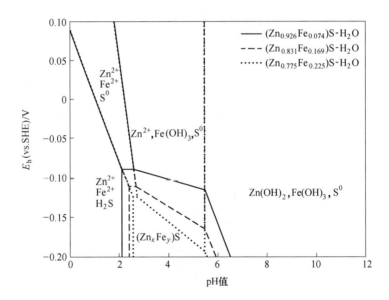

图 4-8 不同铁含量的铁闪锌矿-H_2O 系电位-pH 图（423K）

由以上电位-pH 图可知，铁闪锌矿直接氧化生成 S^0（即反应：$(Zn_{0.775}Fe_{0.225})S = 0.775Zn^{2+} + 0.225Fe^{2+} + S^0 + 2e$）所需的最低氧化电位，在 388K 时为 $-0.0968V$，在 423K 时为 $-0.124V$；而纯闪锌矿直接氧化生成 S^0（即反应：$ZnS = Zn^{2+} + S^0 + 2e$）所需的最低氧化电位，在 388K 时为 $-0.0433V$，在

423K 时为 -0.0691V。由此可见，高温时铁闪锌矿的氧化溶出过程也比纯闪锌矿容易，该规律与 298K 时相同。就矿物的热力学稳定区而言，随着温度升高，铁闪锌矿稳定区缩小，而且始终比闪锌矿的稳定区小得多。铁闪锌矿氧化溶出的过程随温度升高而趋于容易进行。

铁闪锌矿氧化溶出的产物 Zn^{2+}、Fe^{2+}、S^0 只在相对狭窄的电位-pH 区域内稳定，且随着温度升高，该区域进一步缩小，即铁容易水解沉淀。由此说明，在铁闪锌矿加压氧化浸出过程中，Fe^{2+} 是不稳定的产物。在 388~423K 温度范围内浸出铁闪锌矿，为保证铁尽量入渣，而锌则避免入渣损失，浸出终点 pH 值应控制为：2.04<pH<5.45。进一步分析可知，在 388K 或 423K 条件下铁闪锌矿仍不能直接氧化得到 SO_4^{2-}。有研究者认为，即使在高温条件下，生成的 S^0 也很难进一步氧化成更高氧化态。但有试验表明，在浸出过程后期酸度较低时会有少量 SO_4^{2-} 生成。不同铁含量的铁闪锌矿-H_2O 系电位-pH 图表明，随着闪锌矿中置换铁量的增大，铁闪锌矿的热力学稳定区不断缩小，其酸溶反应及其氧化溶出过程也都趋于容易进行，该规律与 298K 时相似。

4.3　铁闪锌矿加压浸出行为

4.3.1　锌和铁浸出动力学

研究了温度、酸度和浸出时间对铁闪锌矿加压浸出过程中的影响。控制的试验条件如下：温度 373~433K，酸度 150~200g/L，氧分压 0.5MPa，反应时间 2h。不同浸出时间下硫和铁的浸出率变化如图 4-9 所示。浸出温度和酸度对锌和

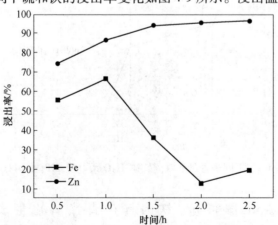

图 4-9　不同浸出时间对锌和铁的浸出率影响

(423K，150g/L H_2SO_4，氧分压 0.5MPa)

铁的浸出率的影响分别如图 4-10 和图 4-11 所示。可以看出,在浸出温度为 423K 条件下,铁闪锌矿浸出速率较快,在浸出 1h 后,锌的浸出率已接近 90%。随着浸出时间的增大,锌浸出率逐渐增大;但是铁浸出率先增大后减小,可能是含铁矿物先溶出而后以铁矾的形式沉淀导致的。酸度影响试验结果表明,随着酸度的增大,锌浸出率略有提高,铁浸出率先是缓慢增长,当酸度超过 176.2g/L 时,铁浸出率急剧增大,酸度为 200g/L 时铁浸出率高达 72.6%。在实验条件下,锌浸出率随着温度的升高不断增大,而铁浸出率先随温度升高而增大,当温度高于 423K 后则显著降低。

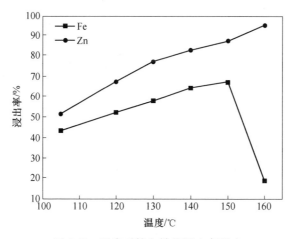

图 4-10 温度对锌和铁的浸出率影响

(150g/L H$_2$SO$_4$,氧分压 0.5MPa,浸出时间 2h)

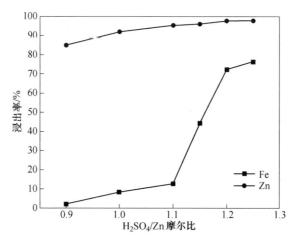

图 4-11 酸度对锌和铁的浸出率影响

(423K,氧分压 0.5MPa,浸出时间 2h)

以铁闪锌矿单体矿为对象，进一步研究了 388K、398K、408K 和 418K 时铁闪锌矿浸出动力学。试验条件为：氧分压 0.3MPa，H_2SO_4 浓度 0.77mol/L，液固比 100∶10。试验结果如图 4-12~图 4-15 所示。图中直线为锌、铁浸出率在一定浸出时间范围内对应浸出时间的拟合直线，拟合的锌铁浸出率与时间直线对应关系详见表 4-3。

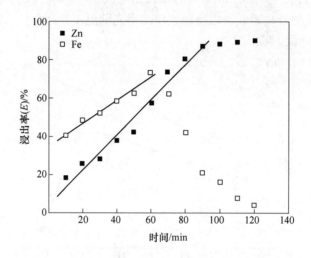

图 4-12　388K 时锌铁浸出率与时间关系

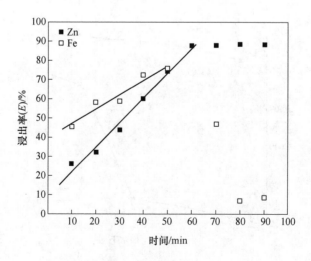

图 4-13　398K 时锌铁浸出率与时间关系

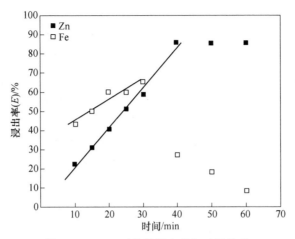

图 4-14   408K 时锌铁浸出率与时间关系

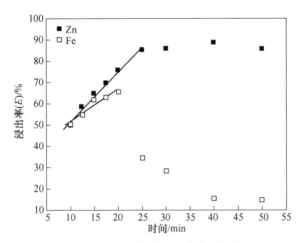

图 4-15   418K 时锌铁浸出率与时间关系

表 4-3   锌、铁浸出率 E 与时间 t 对应的直线关系（$p_{O_2} = 0.3\text{MPa}$）

T/K	拟合的直线方程	相关系数 R	浸出速率 k/min^{-1}
388	Zn：$E = 4.37 + 0.92t$ （$10 \leqslant t \leqslant 90$）	0.99	0.92
	Fe：$E = 34.75 + 0.61t$ （$10 \leqslant t \leqslant 60$）	0.99	0.61
398	Zn：$E = 9.11 + 1.29t$ （$10 \leqslant t \leqslant 60$）	0.99	1.29
	Fe：$E = 39.86 + 0.75t$ （$10 \leqslant t \leqslant 50$）	0.97	0.75
408	Zn：$E = -0.25 + 2.09t$ （$10 \leqslant t \leqslant 40$）	0.995	2.09
	Fe：$E = 34.50 + 1.10t$ （$10 \leqslant t \leqslant 30$）	0.96	1.10
418	Zn：$E = 28.04 + 2.34t$ （$10 \leqslant t \leqslant 40$）	0.995	2.34
	Fe：$E = 36.40 + 1.53t$ （$10 \leqslant t \leqslant 30$）	0.96	1.53

由上述图表可知，锌、铁浸出率均随浸出温度升高而增大。在浸出过程中，当锌浸出达到平衡及铁明显水解沉淀之前，锌、铁浸出率与浸出时间均呈直线关系，相关性较好。经比较锌、铁浸出直线的斜率可知，在铁闪锌矿加压浸出过程中，浸出温度为 388~418K 时，锌的浸出速率始终高于铁浸出率。

为进一步明确铁闪锌矿在浸出过程中的动力学控制因素，对 388K 时不同氧分压条件下所得锌浸出率 x 分别进行 $1-(1-x)^{1/3}$ 与 t 的线性拟合，结果如图 4-16 和图 4-17 所示。可以看出，$1-(1-x)^{1/3}$ 与 t 具有良好的线性回归关系。据此计算的相关系数见表 4-4。由表中数据可见，对于不同浸出条件而言，相关系数 $R \geqslant 0.97$。而 $1-2/3x-(1-x)^{2/3}$ 与 t 之间则未呈现明显的线性关系。

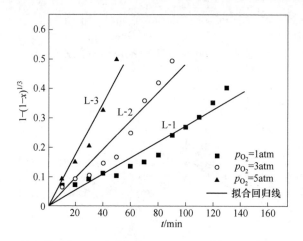

图 4-16 铁闪锌矿加压浸出锌浸出 $1-(1-x)^{1/3}$ 与 t 的关系 （388K）

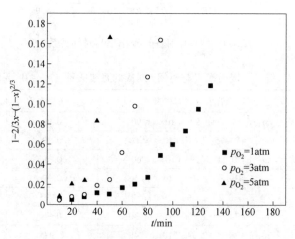

图 4-17 铁闪锌矿加压浸出锌浸出 $1-2/3x-(1-x)^{2/3}$ 与 t 的关系 （388K）

表 4-4　388K 时不同氧分压条件下 $1-(1-x)^{1/3}$ 与 t 的关系

p_{O_2}/MPa	回归方程	相关系数 R
0.1	L-1: $1-(1-x)^{1/3}=2.74\times10^{-3}t$	0.97
0.3	L-2: $1-(1-x)^{1/3}=4.84\times10^{-3}t$	0.97
0.5	L-3: $1-(1-x)^{1/3}=8.75\times10^{-3}t$	0.98

　　利用相同的方法对不同温度条件下的锌浸出动力学进行模拟，结果如图 4-18 和图 4-19 所示。可以看出，锌浸出过程 $1-(1-x)^{1/3}$ 与 t 都具有良好的线性回归关系，相关系数 $R\geqslant0.97$（见表 4-5）。而 $1-2/3x-(1-x)^{2/3}$ 与 t 之间则未呈现明显的线性关系（见图 4-19）。通过斜率计算锌浸出反应速率常数 k（见表 4-6），并以 $\ln k$ 对 $1/T$ 作图（见图 4-20）。可以看出，$\ln k$ 与 $1/T$ 之间呈线性关系（相关系数 $R=0.98$），所得直线斜率为 -5296.3。根据阿累尼乌斯（Arrhenius）公式计算反应的表观活化能为：$E=-(-5296.3)\times R=5296.3\times8.314=44033J/mol$，即 $44.0kJ/mol$。

　　由此可以推测，对于铁闪锌矿单体矿加压浸出而言，锌浸出过程受界面化学反应控制，浸出动力学方程遵循收缩核模型。

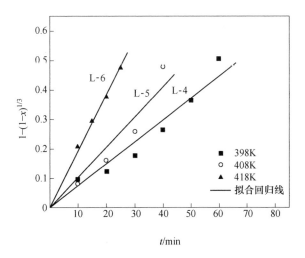

图 4-18　不同温度下锌浸出 $1-(1-x)^{1/3}$ 与 t 的关系（$p_{O_2}=0.3MPa$）

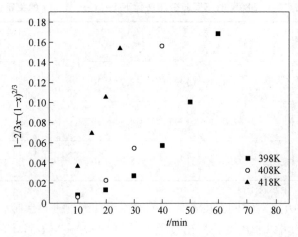

图 4-19 不同温度下锌浸出 $1 - 2/3x - (1 - x)^{2/3}$ 与 t 的关系（$p_{O_2} = 0.3\text{MPa}$）

表 4-5 不同温度条件下 $1-(1-x)^{1/3}$ 与 t 的关系（$p_{O_2} = 0.3\text{MPa}$）

T/K	回归方程	相关系数 R
398	L-4: $1 - (1 - x)^{1/3} = 7.45 \times 10^{-3}t$	0.98
408	L-5: $1 - (1 - x)^{1/3} = 1.03 \times 10^{-2}t$	0.97
418	L-6: $1 - (1 - x)^{1/3} = 0.0191t$	0.999

表 4-6 锌浸出速率常数 k 与温度的关系（$p_{O_2} = 0.3\text{MPa}$）

T/K	388	398	408	418
k/s^{-1}	0.0153	0.0215	0.0348	0.0390

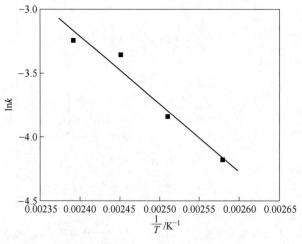

图 4-20 锌浸出 $\ln k$ 与 $1/T$ 之间的关系

4.3.2 硫的迁移与转化

4.3.2.1 浸出时间的影响

对比铁闪锌矿原矿和浸出渣的物相，原矿中硫主要以硫化物形式存在，浸出反应开始后，渣中主要是单质硫和残余硫化物，随着反应时间进一步延长，渣中出现了硫酸盐（见图4-21）。图4-22和图4-23分别是浸出时间为0.5h和2.5h浸出渣的扫描电镜图。图4-22中显示浸出时间0.5h的浸出渣团聚不明显，所含颗粒少。图4-23中浸出时间2.5h的浸出渣团聚较为明显，所含颗粒较多、颗粒直径较细。

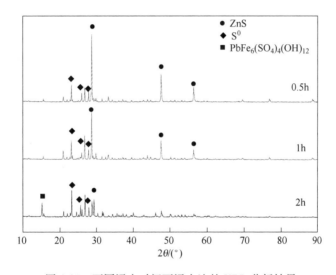

图4-21 不同浸出时间下浸出渣的XRD分析结果

图4-22 铁闪锌矿浸出0.5h后浸出渣形貌

图 4-23 铁闪锌矿浸出 2.5h 后浸出渣形貌

分析不同浸出时间条件下浸出渣中硫的存在形态，如图 4-24 和图 4-25 所示，结果表明，随着浸出时间的延长，浸出渣中单质硫含量逐渐增多，浸出时间 1.5h 时，单质硫含量达到 54.78%；不可溶性硫酸盐含量随浸出时间延长略有增加。

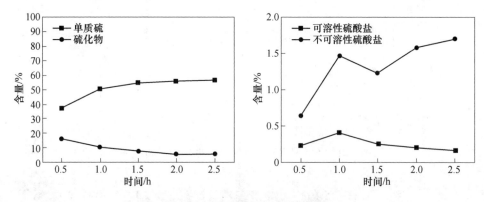

图 4-24 浸出渣中硫的化学物相

4.3.2.2 温度的影响

针对不同浸出温度的浸出渣进行 XRD 分析，结果如图 4-26 所示。结果表明，在 150℃以下，硫的主要成分为硫化锌和单质硫；当温度升高至 160℃时，渣中主要成分为硫化锌、单质硫和铁矾，即在温度升高过程中，硫的形态会发生一些转变，由硫化锌转变为单质硫，再转变为硫酸根离子，而所形成的硫酸根离子可以形成硫酸或者形成硫酸盐。分别选取了浸出温度为 150℃和 160℃、浸出时间为 0.5h 和 2.5h 的浸出渣，进行了浸出渣样形貌分析，结果如图 4-27 和图 4-28

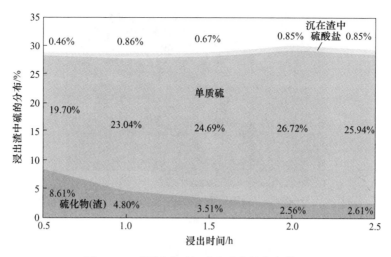

图 4-25 不同浸出时间硫在渣中的分布情况

所示。图 4-27 中显示 150℃时出现球形颗粒, 160℃时出现不规则块状, 表面附着有针状物质。

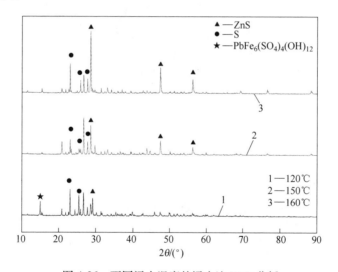

图 4-26 不同浸出温度的浸出渣 XRD 分析

扫描电镜和能谱分析结果表明, 在浸出温度为 150℃时, 浸出渣中的球形颗粒是单质硫, 硫颗粒内外均赋存有残余闪锌矿和黄铁矿 (见图 4-29)。在浸出温度为 160℃时, 单质硫颗粒内部和边缘嵌有少量残余矿物, 四周环有细小颗粒 (见图 4-30), 经能谱分析显示该颗粒是铅铁矾。含铁矿物溶出的铁离子主要以两种方式水解形成铅铁矾: 一是铁离子在矿物边缘外侧形成铅铁矾; 二是游离铁

图 4-27　浸出温度为 150℃ 的浸出渣形貌

图 4-28　浸出温度为 160℃ 的浸出渣形貌

离子与逐渐溶解形成的硫酸铅接触，水解形成铅铁矾，铅铁矾取代方铅矿的位置与石英形成共生体。

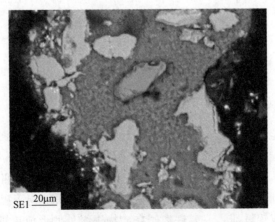

图 4-29　浸出温度 150℃ 的渣样 SEM 图

图 4-30 浸出温度 160℃的渣样 SEM 图

利用化学物相分析方法分析了浸出渣中硫的形态及含量，研究了不同温度条件下浸出渣中硫的存在形态和分布情况，如图 4-31 和图 4-32 所示。随着温度的升高，浸出渣中单质硫含量逐渐提高，硫化物含量则逐渐降低，可溶性硫酸盐含量在 0.5%左右波动。

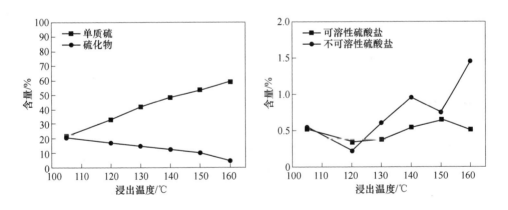

图 4-31 不同浸出温度的浸出渣中硫的分布

4.3.2.3 酸度的影响

图 4-33 为不同酸度条件下浸出渣 XRD 分析图。由图可见，当酸锌比为 1.1 时，浸出渣中主要含有硫化锌、单质硫和铅铁矾；当酸锌比提高至 1.2 时，渣中主要物相为硫化锌和单质硫，没有铅铁矾物相，这是由于提高酸度，抑制了铁离子水解形成铁矾，这与铁浸出率升高相一致。

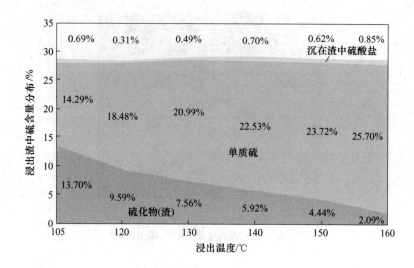

图 4-32   不同浸出温度条件下硫的迁移与分布情况

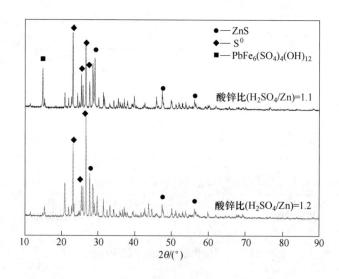

图 4-33   不同酸度条件下渣样 XRD 图

不同酸度条件下浸出渣中硫的存在形态如图 4-34 和图 4-35 所示。可以看出，随着酸锌比的增加，浸出渣中单质硫含量显著提高，最高达到 66.06%。硫化物含量相对较低，且呈逐渐下降趋势。不可溶性硫酸盐含量在酸锌比（0.9~1）：1时逐渐增多，酸锌比（1~1.25）：1 时，其含量显著降低。

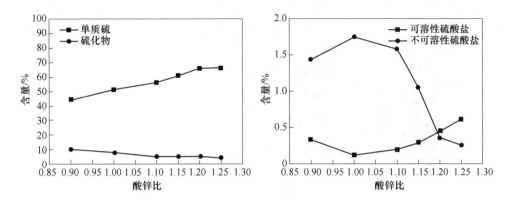

图 4-34 不同酸度条件下浸出渣中硫的化学物相

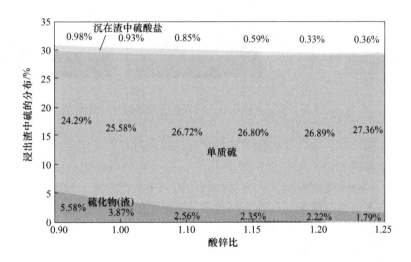

图 4-35 不同酸度下硫在渣中的分布情况

4.3.3 分散剂的作用

由上述研究可以看出，在闪锌矿加压酸浸过程中硫的行为较为复杂。在加压酸浸过程中硫可生成多硫化物，最终以单质硫存在。单质硫在高温高压的条件下可变成液态硫，液态硫可包裹在未溶完的闪锌矿、方铅矿和黄铁矿等硫化矿物的颗粒表面，如图 4-36~图 4-38 所示。由于元素硫不溶于酸，因此导致包裹的闪锌矿等矿物与浸出液隔离，阻碍了闪锌矿与浸出液的接触，影响闪锌矿的继续溶解。

图 4-36   闪锌矿在酸浸过程中被溶蚀并被元素硫包裹

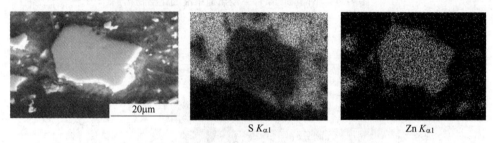

S $K_{\alpha 1}$ Zn $K_{\alpha 1}$

图 4-37   被元素硫包裹的闪锌矿的元素面分布图像

在以铁闪锌矿为主要锌矿物的锌精矿加压浸出过程中常用木质素类表面活性剂，如木质素磺酸盐作为硫的分散剂[85,86]。这类硫分散剂能完全溶解于酸性硫酸锌溶液，其分子吸附在精矿表面从而将精矿与单质硫分离，起到改善矿物浸出的作用。但该类硫分散剂在高温强氧化条件下会迅速分解。因此，要时刻保证高压釜内有充足的硫分散剂有效成分可能有一定困难。此外，该类硫分散剂在与精矿、硫酸调浆一并进入高压釜前有可能因起泡和溢流问题而带来损失。在上述问题中，木质素类硫分散剂的氧化分解可能是最主要的。有研究者将煤应用于闪锌矿加压浸出并取得很好的浸出效果。一方面，煤为固态，可以在矿物原料磨矿、调浆或预浸出等任何一个工序中引入，也可以直接加入高压釜中；对于工业上常用的二段加压浸出工艺而言，煤作为硫分散剂只需在第二段低酸浸出工序中引入即可，当第二段浸出渣返回至第一段进行高酸浸出时，无需额外补充煤或其他硫分散剂，二段浸出渣中的煤就足以保障一段浸出高效进行。本章以煤为研究对象，筛选出适用于铁闪锌矿加压浸出的煤，并探讨其分散单质硫的作用机理。

4.3.3.1 不同煤分散剂的影响

煤炭是植物经过长时期地压和地热的作用而生成的。由于温度、压力不同可

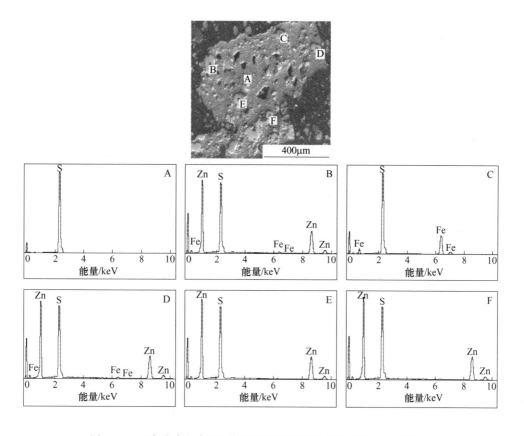

图 4-38 元素硫中包裹的闪锌矿和黄铁矿残余体的背散射电子图像

生成不同种类的煤炭，按煤化度的顺序可分为：泥煤、褐煤、次烟煤、烟煤、无烟煤。其中，褐煤属最低级煤。本节主要考察褐煤、烟煤、无烟煤等对铁闪锌矿精矿加压浸出的影响，并与木质素磺酸钠作硫分散剂时的实验结果进行比较。试验条件为：试验原料为以铁闪锌矿为主的硫化锌精矿，浸出温度 393~423K，精矿粒度小于 43μm 粒级大于 98%，液固比 4：1，硫酸浓度为 1.31mol/L，氧分压为 0.5MPa，搅拌 800r/min，浸出时间为 2h，试验结果如图 4-39 所示。可以看出，在 423K 温度条件下，当褐煤用作硫分散剂时，锌浸出率几乎等同于木质素磺酸钠的效果，浸出液及浸出渣的各项指标也与木质素磺酸钠情况几近相同。但烟煤或无烟煤的效果较差，个别条件下甚至不如无添加剂时的结果。进一步探讨了煤的含碳量与锌浸出率之间的关系，结果见表 4-7。可以看出，煤的含碳量高于 70% 时，锌的浸出效果不佳，而低碳煤（褐煤）则具有良好硫分散效果，锌浸出率显著高于高碳煤的情况。因此，低碳煤（褐煤）可以用作铁闪锌矿加压浸出过程中优良的硫分散剂。

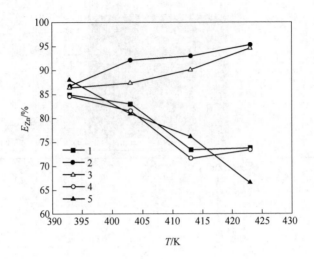

图 4-39   不同添加剂对锌浸出率的影响

1—未添加硫分散剂；2—木质素磺酸钠，质量分数为 0.2%；3—褐煤，质量分数为 1.0%；
4—无烟煤，质量分数为 1.0%；5—烟煤，质量分数为 1.0%

表 4-7   煤的含碳量与锌浸出率之间的关系

煤	含碳量（干燥基）/%			锌浸出率/%
	总碳	无机碳形式	有机碳形式	
无烟煤	81.88	0.38	81.78	73.41
烟煤	70.91	0.07	70.89	66.67
褐煤	57.21	0.79	56.99	91.97

4.3.3.2   褐煤分散单质硫机理

煤中碳的存在形式有两种：无机物形式（CO_2、碳酸盐）和有机物形式。由表 4-7 可见，褐煤分散硫的效果较好，其无机碳含量相对于其他煤而言也是最高的。为进一步明确煤中无机碳与硫分散作用之间的关系，进行褐煤酸煮处理，并将处理后的褐煤用于铁闪锌矿加压浸出试验。加压浸出条件为：氧分压 0.50MPa，液固比 4:1，硫酸浓度 1.31mol/L，搅拌转速 800r/min，浸出时间 2h，试验结果见表 4-8。经酸煮处理后，煤中的无机碳含量显著降低，但并未明显影响锌的浸出效果。由此可见，煤中无机碳对硫的分散作用可能微乎其微，而有机碳的作用应该不容忽视。

表 4-8 煤含碳量与锌浸出率之间的关系

煤	含碳量（干燥基）/%			锌浸出率/%
	总碳	无机碳形式	有机碳形式	
褐煤	57.21	0.79	56.99	91.97
1 号褐煤	63.04	0.63	62.86	90.28
2 号褐煤	62.70	0.33	62.61	90.52

浸出渣中褐煤的显微结构如图 4-40 所示，可以看出，粗大的褐煤与所有矿物均无关联，而且也未见硫珠明显地黏附在褐煤表面。由此估计，在铁闪锌矿加压浸出过程中，褐煤中的有机碳对单质硫的物理吸附作用可能不是消除硫包裹的主要原因。从图 4-40 中还可以看出，沿褐煤边界或裂隙内形成宽度不等的黑边，由此推测，褐煤可能沿边界发生了酸溶反应并释放出某些表面活性物质进入溶液，从而实现了单质硫的分散。

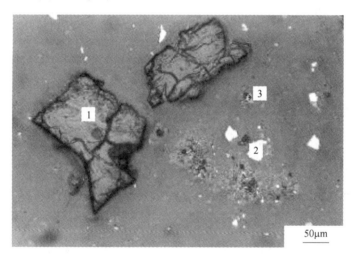

图 4-40 铁闪锌矿加压浸出渣中褐煤的显微结构（×200）

1—褐煤；2—黄铁矿；3—铁闪锌矿

分析了高温（423K）条件下无硫分散剂时及木质素磺酸钠、褐煤分别作硫分散剂时浸出渣的物相情况。浸出过程除硫分散剂外其余条件均相同。上述三种情况下所得浸出渣的 XRD 谱图如图 4-41 所示。在未添加硫分散剂的情况下，大量的铁闪锌矿、黄铁矿没有溶出，仍残留在渣中，黄铜矿也基本未溶。经与精矿 XRD 谱图比较可见，部分方铅矿、磁黄铁矿已经溶解。未添加硫分散剂时，生成的铅铁矾及其他铁矾数量很少，在 XRD 谱图中几乎反映不出来。原因可能是大量铁闪锌矿没有溶解，溶液中的铁离子浓度很难达到饱和，也可能是少量生成的细粒铅铁矾或其他铁矾成片的单质硫包裹。在添加木质素磺酸钠后，铁闪锌

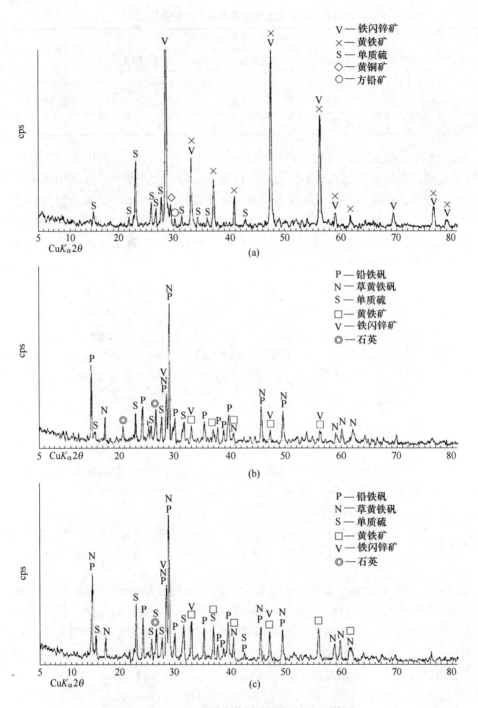

图 4-41 不同分散剂时浸出渣 XRD 谱图

(a) 无分散剂；(b) 木质素；(c) 褐煤

矿、黄铁矿的衍射线强度明显降低，浸出渣中有大量铅铁矾、草黄铁矾及单质硫生成。这说明，绝大部分铁闪锌矿和部分黄铁矿已经溶解，进入溶液的大量铁离子以铅铁矾、草黄铁矾及其他铁矾形式水解出来。浸出渣中黄铜矿的数量明显减少，表明木质素磺酸钠对于所有硫化矿的浸取都是有利的。当褐煤取代木质素磺酸钠时，渣中残余的铁闪锌矿数量很少，其他硫化矿（如黄铜矿、砷黄铁矿等）数量也很少，而黄铁矿的数量则略多于木质素磺酸钠作硫分散剂时的情况，表明使用褐煤时黄铁矿的浸出可能受抑，其原因有待进一步研究。

进一步分析了浸出渣的显微结构，无硫分散剂时浸出渣的显微结构如图 4-42和图 4-43 所示。当体系中无硫分散剂时，浸出渣呈粗粒聚合体形态，单质硫则充填在未反应完全的硫化矿颗粒之间，形成交结相。图 4-44 为该渣的背散射电子像及相关元素面分布图。由图 4-44 可知，液态硫冷却后黏附了大量的残余硫化矿并形成了贯通的骨架。这些都说明单质硫与硫化矿之间具有较强的亲和力。

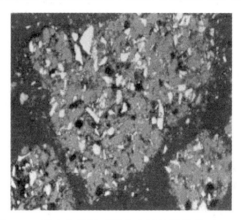

图 4-42　无硫分散剂时浸出渣的显微结构（×200）

图 4-43　大量聚合体中硫化物的显微结构

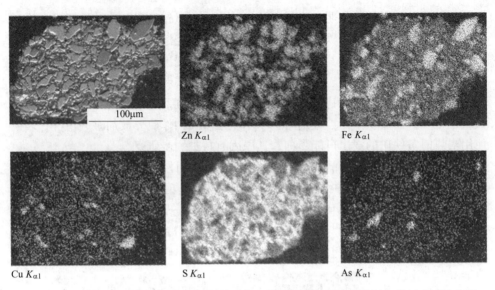

ZnKα1　　　FeKα1

CuKα1　　　SKα1　　　AsKα1

图4-44　无分散剂时渣中残余硫化矿与单质硫聚合体的背散射电子像及相关元素面分布图

图4-45和图4-46为木质素磺酸钠作硫分散剂时浸出渣的显微结构，图4-47为该渣的背散射电子像及相关元素面分布图。添加木质素磺酸钠后，单质硫多呈中粗粒（43~200μm）球状，部分呈不规则块状或短柱状。由图4-45可见，沿单质硫边界嵌生着残余硫化矿，只有少量残余硫化矿单独存在于浸出渣中未与单质硫接触。水解形成的大量铁矾微粒（<5μm）黏附在一起，形成聚合体结构。由图4-46和图4-47还可以看出，残余硫化矿颗粒周围并未形成封闭的单质硫包覆层，仅沿铁闪锌矿的反应边界及裂隙处生成不连续的单质硫球粒或浸染状条带，铁闪锌矿颗粒仍维持部分开放的边界。上述结果表明，木质素磺酸钠虽能疏离单质硫与硫化矿，但单质硫对残余硫化矿的沾染现象无法消除。

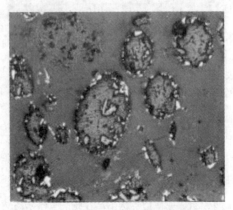

图4-45　添加木质素后浸出渣的显微结构（×100）

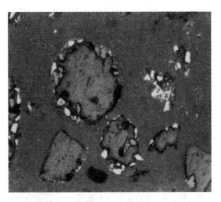

图 4-46 残余硫化矿的显微结构（×200）

Zn $K_{\alpha 1}$　　　　Fe $K_{\alpha 1}$　　　　S $K_{\alpha 1}$　　　　O $K_{\alpha 1}$

图 4-47 添加木质素后浸出渣中残余铁闪锌矿的背散射电子像及相关元素面分布图

褐煤作硫分散剂时的结果如图 4-48 和图 4-49 所示。添加褐煤后，浸出渣中的单质硫只有少量呈中粗粒，大量单质硫呈细粒或中细粒（10~43μm）球状或不规则细块状分散存在。这说明褐煤具有比木质素更强的分散硫的能力。少量的粗粒硫珠可能是在浸出初期形成的，此时褐煤尚未完全释放具有表面活性的有机物质。硫珠的细化可能源于褐煤在酸溶过程中释放出的萘硫酚。值得关注的是，在添加褐煤后，绝大多数残余硫化矿不再黏附在硫珠表面，而多呈单体分散在渣中，几乎与单质硫没有任何关联，仅少数细粒硫珠黏附在稍粗的硫化物周围。这

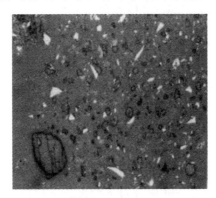

图 4-48 褐煤浸出渣中大量细粒硫珠及残余硫化物

表明褐煤不仅可以细化硫珠，而且还可以使残余硫化物表面呈现明显的疏硫性。进一步由残余铁闪锌矿的显微结构及相关元素的面分布（见图 4-50）可见，铁闪锌矿颗粒下部仅有两颗硫珠，其余边界完全敞开，这对于进一步溶解是非常有利的。

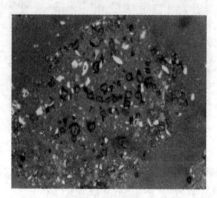

图 4-49　浸出渣中的残余硫化矿（×200）

图 4-50　添加褐煤后浸出渣中残余铁闪锌矿的背散射电子像及相关元素面分布图

4.4　不同离子的催化作用

4.4.1　Fe^{2+}的催化作用

利用化学物相分析方法，定量地分析了铁闪锌矿加压浸出过程含铁矿物的溶出和沉淀量，证实了浸出过程中铁的变化规律是分为铁矿物的溶出行为和铁离子的沉淀行为两部分。由图 4-51~图 4-53 可以看出，当浸出温度低于 140℃时，硫化锌精矿中铁主要发生铁矿物的溶出行为，当温度高于 140℃时，溶出的铁发生水解反应，开始形成沉淀物。150~160℃时大量铁离子发生急剧沉淀；在酸度小于理论酸量时，含铁矿物浸出和铁离子沉淀都趋于增大。此时，铁矿物中溶出的铁大部分都因铁的水解反应而沉淀形成铅铁矾。当酸度超过理论酸量时，沉淀下来的铅铁矾因酸度的增大而又被溶解进入溶液；当浸出时间为 0.5~1h，主要发生的是含铁矿物的浸出行为，当浸出时间超过 1h 后，溶液中的铁离子开始发生水解沉淀，且 1~1.5h 内沉淀反应快速增大。延长浸出时间，能够促进铁离子水解沉淀形成铅铁矾。

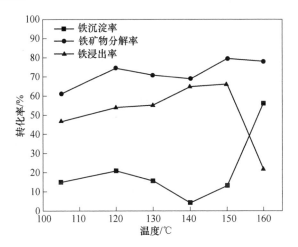

图 4-51　温度对硫化锌精矿中铁浸出和沉淀的影响

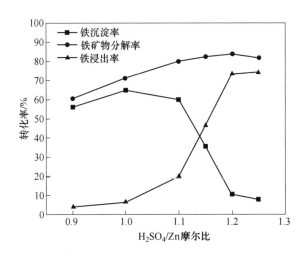

图 4-52　酸度对硫化锌精矿中铁浸出和沉淀的影响

在浸出温度为 150℃、浸出时间为 0.5h 的条件下，研究了 Fe^{2+} 对于硫化锌精矿和天然纯闪锌矿加压酸浸锌浸出率的影响，试验结果见表 4-9。可以看出，在加压酸浸过程中，Fe^{2+} 对硫化锌精矿和天然纯闪锌矿都有一定的催化氧化作用。进一步分析表明，Fe^{2+} 对硫化锌精矿作用相对较小。无 Fe^{2+} 时，锌浸出率为 82.38%；添加 15g/L Fe^{2+} 时，锌浸出率增大到 86.45%。而天然单体纯闪锌矿是从自然矿物中人工手选分离出来的，保证了具有天然矿物的力学、晶体和化学等

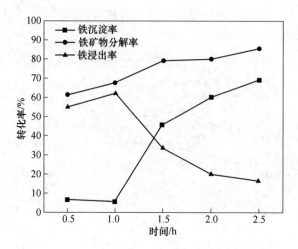

图 4-53　浸出时间对硫化锌精矿中铁浸出和沉淀的影响

性质。其含铁量为 0.073%，降低了精矿铁含量的干扰。Fe^{2+} 对天然纯闪锌矿有明显的氧化催化作用。锌浸出率随着 Fe^{2+} 浓度的增加呈直线增大；无 Fe^{2+} 时，锌浸出率仅为 8.64%，添加 15g/L Fe^{2+} 时，锌浸出率达 47.39%。

表 4-9　Fe^{2+} 对闪锌矿和锌精矿锌浸出率的影响

Fe^{2+}浓度/g·L^{-1}	锌浸出率/%		残酸/g·L^{-1}	
	硫化锌精矿	天然纯闪锌矿	硫化锌精矿	天然纯闪锌矿
0	82.38	8.64	6.72	74.8
5	85.35	20.54	10.13	69.97
10	85.73	32.17	14.48	56.46
15	86.45	47.39	18.82	54.43

4.4.2　Cu^{2+} 的催化作用

在浸出温度为 150℃、浸出时间为 0.5h 的条件下，研究了 Cu^{2+} 对于硫化锌精矿和天然纯闪锌矿加压酸浸中锌浸出率的影响（见表 4-10）。在加压酸浸过程中，Cu^{2+} 对硫化锌精矿有抑制浸出作用，但对天然纯闪锌矿有显著的催化作用。对于硫化锌精矿，Cu^{2+} 浓度从 0g/L 增加至 10g/L，锌浸出率从 82.38% 降低至 64.63%，这可能是由于在表面产生富硫的硫化物薄膜阻碍了浸出反应。但对天然纯闪锌矿，Cu^{2+} 浓度从 0g/L 增加至 10g/L，会对天然纯矿起到显著的催化作用，锌浸出率从 8.64% 增大至 51.91%。但 Cu^{2+} 超过 10g/L 时，催化作用减小。

表 4-10　Cu²⁺对锌浸出率的影响结果

Cu²⁺浓度/g·L⁻¹	锌浸出率/%		残酸/g·L⁻¹	
	硫化锌精矿	天然纯闪锌矿	硫化锌精矿	天然纯闪锌矿
0	82.38	8.64	6.72	74.8
2	76.69	—	14.19	—
5	72.56	37.43	19.78	35.43
10	64.63	51.91	27.02	29.86
15	70.89	32.50	21.23	53.15

在实际浸出体系中，铜离子和铁离子往往是共存的。Cu^{2+}和Fe^{2+}共存状态下硫化锌精矿和天然纯闪锌矿浸出试验结果如图 4-54 和表 4-11 所示。对于天然纯闪锌矿，Fe^{2+}和Cu^{2+}都有催化作用，Cu^{2+}的催化作用更加显著，两种离子的催化作用机理可能存在差别，是造成其催化作用效果大小不同的主要原因。当两种金属离子同时存在时，其催化氧化作用大大提高，锌浸出率达到 59.56%。对于硫化锌精矿，Fe^{2+}具有催化作用，但是Cu^{2+}却会抑制锌的浸出，使得锌浸出率降低，这可能是由于铜离子会使硫化锌精矿表面形成抑制其反应的富硫硫化物薄膜。

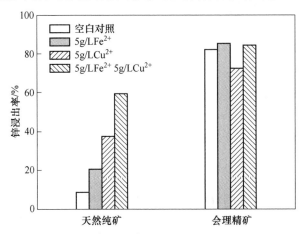

图 4-54　Fe^{2+}和Cu^{2+}共同对锌浸出率的影响

表 4-11　Fe^{2+}和Cu^{2+}对比试验结果

Fe^{2+}浓度/g·L⁻¹	Cu^{2+}浓度/g·L⁻¹	天然纯闪锌矿		硫化锌精矿	
		浸出率/%	残酸/g·L⁻¹	浸出率/%	残酸/g·L⁻¹
0	0	8.64	74.8	82.38	6.72
5	0	20.54	69.97	85.35	10.13
0	5	37.43	35.43	72.56	19.78
5	5	59.56	22.78	84.47	9.11

对渣样进行能谱分析确定渣样中各质点组成（见图 4-55）。从图 4-55 中推断添加 Cu^{2+} 能加速闪锌矿腐蚀。当 Fe^{2+} 和 Cu^{2+} 共同加入时，闪锌矿表面呈锯齿状，可以发现后者腐蚀程度更大。结合图 4-54 中锌浸出率的变化，可以推断 Cu^{2+} 能够在闪锌矿表面形成腐蚀作用，Fe^{2+} 能够加强 Cu^{2+} 对闪锌矿的腐蚀作用。

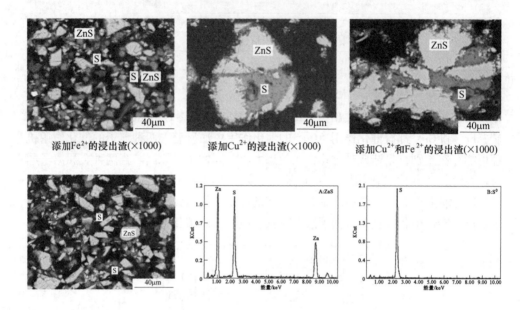

添加 Fe^{2+} 的浸出渣(×1000)　　　添加 Cu^{2+} 的浸出渣(×1000)　　　添加 Cu^{2+} 和 Fe^{2+} 的浸出渣(×1000)

图 4-55　添加 Fe^{2+}、Cu^{2+} 和共同加入 Fe^{2+}、Cu^{2+} 时
浸出渣的 SEM 与 EDS 能谱图（天然纯闪锌矿）

4.4.3　氯离子的作用

氯离子对铁闪锌矿和闪锌矿在浸出过程中动电位扫描的影响分别如图 4-56 和图 4-57 所示。试验条件为：温度为 363K，酸度为 0.51mol/L，液固比 100∶5。由图 4-56 可见，添加氯离子后，闪锌矿的电化学氧化明显加强，而当氯离子浓度由 0.70mol/L 增至 2.11mol/L 时，闪锌矿阳极氧化电流密度增幅不再明显。

氯离子同样能有效促进铁闪锌矿的氧化溶出。由图 4-57 可见，当氯离子浓度由 0.70mol/L 依次增至 2.82mol/L 时，铁闪锌矿阳极氧化电流密度也依次增大，而且 H_2S 氧化峰电流密度值也依次略有增大。原因可能是，溶液中氯离子与从铁闪锌矿晶格中游离出来的铁形成配离子，从而有效地推动了铁闪锌矿氧化浸出过程的进行。但是，氯离子浓度过高可能对铁闪锌矿氧压酸浸过程不利，因为氯离子浓度过高会使溶液离子强度增大从而降低氧气的溶解度。

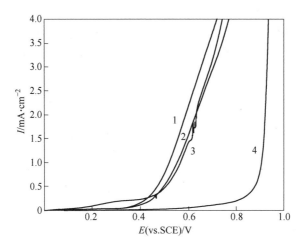

图 4-56 氯离子对闪锌矿浸出过程动电位扫描的影响

氯离子浓度：1—2.11mol/L；2—1.41mol/L；3—0.70mol/L；4—0mol/L

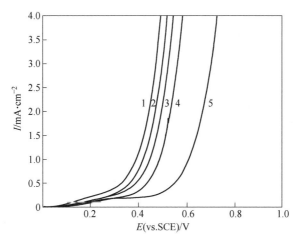

图 4-57 氯离子对铁闪锌矿浸出过程动电位扫描的影响

氯离子浓度：1—2.82mol/L；2—2.11mol/L；3—1.41mol/L；4—0.70mol/L；5—0mol/L

4.5 锌精矿加压浸出伴生元素行为

在自然界中稀散金属镓、锗、铟一般没有独立的矿床，多与铝矿、铅锌矿、铁矿伴生，如凡口铅锌矿中富含镓、锗，广西大厂铅锑锌多金属硫化矿中富含铟，云南文山等地区铅锌矿富含铟、锗，四川会东铅锌矿富含锗。镓多伴生在硫镓铜矿及铝、锌、铁矿中，只能从铝、锌及烧煤、炼铁等的副产物中综合回收。锗的单一矿床也很少，其主要分散伴生在有色金属矿、煤矿等矿物中[1]。为查明含镓锗的锌精矿中镓、锗在加压浸出过程的浸出行为，首先对含镓、锗的锌精矿中锌、镓、锗、铟、镉等元素在各粒级中的分布进行了分析，结果列于表4-12。锌精矿中镓、锗、铟、镉在各粒级中的分布与锌的分布基本一致，这也说明锌精矿中镓、锗、铟、镉与锌是相关的（见图4-58~图4-60）。锌精矿粒度主要集中于小于0.025mm和0.054~0.038mm中，分别占51.38%和23.12%。大颗粒占比较低。各粒径中镓、锗、铟含量与锌含量基本呈现一致的趋势，可以推断镓、锗、铟分布与锌一致。锌精矿各粒径中镓、锗、铟累计比例完全一致。

表 4-12 锌精矿湿筛结果及元素各粒级中的分布

粒级范围		占比/%	Zn		Ga		Ge		In	
目	mm		品位/%	比例/%	品位/μg·g⁻¹	比例/%	品位/μg·g⁻¹	比例/%	品位/μg·g⁻¹	比例/%
150（筛上）	>0.105	3.90	49.14	3.47	185	3.47	125	3.70	2.08	3.40
200（筛上）	0.105~0.074	10.61	53.63	10.30	196	10.00	127	10.22	2.04	9.06
260（筛上）	0.074~0.054	8.10	52.75	7.73	197	7.68	129	7.92	2.19	7.42
400（筛上）	0.054~0.038	23.12	54.45	22.78	207	23.02	138	24.20	2.27	21.97
600（筛上）	0.038~0.025	2.89	55.34	2.89	212	2.95	133	2.92	2.39	2.89
600（筛下）	<0.025	51.38	56.83	52.83	214	52.89	131	51.05	2.57	55.27

注：表中 Zn 为化学分析结果；Ga、Ge、In 为等离子质谱分析结果。

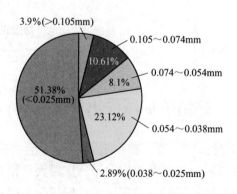

图 4-58 锌精矿各粒度分布图

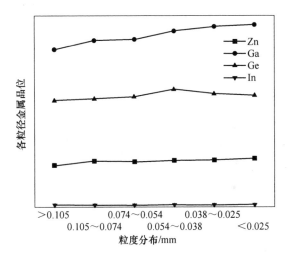

图 4-59 锌精矿中各粒径中金属品位对比情况

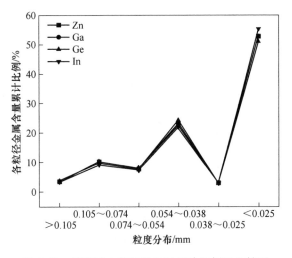

图 4-60 锌精矿中各粒径金属累计比例对比情况

4.5.1 镓锗加压浸出行为

　　针对含镓、锗的锌精矿加压浸出进行了详细试验研究，考察了关键条件对镓、锗浸出行为的影响，结果如图 4-61 ~ 图 4-63 所示。硫酸浓度是影响浸出率的重要因素。一般来讲，酸浓度越高，金属浸出率越高，这样有利于有价金属的溶出，但是不利于铁等杂质金属的分离。通常在保证有价金属溶出的情况下，尽可能选择低酸，一来降低酸消耗，二来降低杂质金属的溶出率。在该试验条件下，

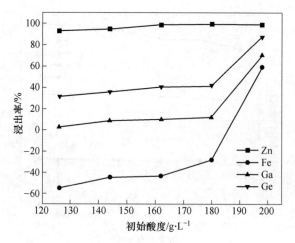

图 4-61　硫酸用量对锌精矿浸出的影响（氧分压 16atm（1.621MPa））

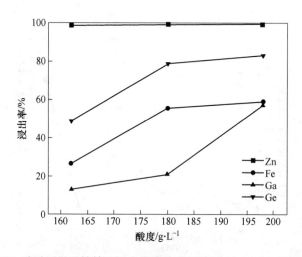

图 4-62　硫酸用量对锌精矿浸出的影响（氧分压 11atm（1.115MPa））

随着硫酸浓度的增加，镓、锗均呈现快速增长趋势，尤其是在酸锌摩尔比为
1.1∶1时，急剧增大，其行为趋势与铁的基本一致。试验中铁的浸出率出现负
值是由于溶液初始铁离子浓度较高，在氧分压较高的情况下，部分铁离子氧化沉
淀进入浸出渣中，为此，在降低氧分压条件下进一步考察了酸度对浸出的影响。

　　由图 4-62 可以看出，在该条件下，随着硫酸浓度的增加，锌浸出率基本保
持稳定，渣中锌含量能够降至2%以下，锌浸出率均在98%以上，而铁、镓、锗
的浸出率随硫酸用量的增加而明显上升，镓、锗的浸出率可分别达到 57.15%和
82.89%。图 4-63 对比了高压和低压浸出效果，从图中可以看出，降低氧分压后

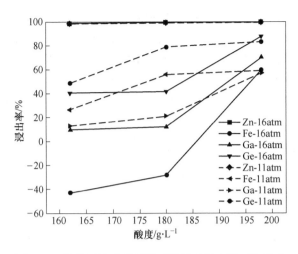

图 4-63 氧分压及硫酸用量对锌精矿浸出的对比影响

锌浸出率仍然保持在 98% 以上。而在低酸的条件（160~180g/L）下，降低氧分压，铁、镓、锗浸出率均有提高。这是由于在低酸的范围内，降低氧分压后，铁氧化沉淀率降低，与铁一同沉淀下来的镓、锗量就较低，这样就使得镓、锗浸出率升高。而在高酸的条件（大于 180g/L）下，由于酸含量很高，铁很难形成沉淀，镓、锗也很难随着铁沉淀下来，从而保持了较高的浸出率。

由于在低酸条件下，镓、锗浸出率很低，为了获取较高的浸出率，考察了高酸条件下氧分压对镓、锗浸出行为的影响。试验条件：锌精矿 100g，磨矿时间 1.5h，反应温度 150℃，液固比 5:1，反应时间 2h，木素磺酸钠 0.2%，搅拌转速 550r/min，初始铁离子浓度 10g/L，酸锌摩尔比 1.21:1，初始硫酸浓度 198g/L。试验结果见表 4-13。在该条件下，锌的浸出率稳定保持在 99% 以上，渣中锌含量达到 2% 以下，铁的浸出率达到 60% 左右，镓的浸出率达到 60% 左右，锗的浸出率达到 82% 以上，说明提高初始硫酸浓度能够提高镓锗浸出率。

表 4-13 高酸低氧压试验结果

总压		溶液成分/g·L⁻¹		浸出率/%			
atm	MPa	Fe	H₂SO₄	Zn	Fe	Ga	Ge
11	1.115	15.57	37.53	99.39	58.71	57.15	82.89
12	1.621	14.90	38.48	99.23	59.31	69.94	87.51

由试验结果还可以看出，在试验条件下，随着反应时间的增加，锌的浸出率逐渐上升，铁和镓、锗的浸出有较为相似的行为规律，浸出率呈先上升后下降，后又上升的趋势（见图 4-64）。这主要是由于延长反应时间，有利于铁离子氧化

沉淀，在沉淀过程中镓和锗也一起沉淀到渣中。研究了木素磺酸钠添加量对浸出行为的影响（见图4-65），可以看出，添加木素磺酸钠能够提高锌、镓和锗的浸出率。随着木素磺酸钠的增多，浸出率也不断增大，当木素磺酸钠添加量为0.2g时，继续增多木素磺酸钠的量，镓、锗浸出率不再增大。

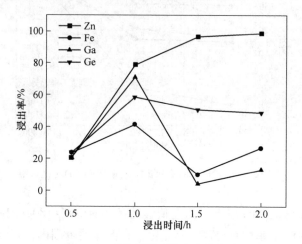

图 4-64　反应时间对浸出率的影响

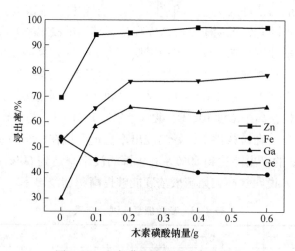

图 4-65　木素磺酸钠对浸出率的影响

4.5.2　铟的浸出行为

由于以上精矿中含铟较低，无法体现铟的浸出行为，未能良好地验证铟的浸出行为，采用含铟、锌精矿对铟的浸出行为进行了补充研究，试验条件为：锌精矿100g，磨矿时间1.5h，反应温度150℃，液固比5∶1，反应时间1.5h，木素磺酸钠 0.2%，搅拌转速 800r/min，总压 11atm（1.115MPa），初始 Fe^{3+} 浓度 2.2g/L。由图 4-66 的试验结果可以看出，在 150℃ 下，随着酸锌摩尔比的增加，锌的浸出率上升，当酸锌摩尔比达到 1.1∶1 时，锌浸出率达到 98% 以上，渣中锌含量降至 2% 以下。随着酸锌摩尔比的增加，铁浸出率稍有上升，溶液中铁含量总体较低，在酸锌摩尔比 1.1∶1 的条件下，溶液中铁含量低于 1g/L。当酸锌摩尔比为 0.70∶1 时，锌的浸出率达到 77% 左右，溶液中铁含量低于 1g/L，硫酸含量低于 1g/L。同时，随着酸锌摩尔比的增加，锰和铟的浸出率也随之上升，与锌呈现较为相似的行为规律。在酸锌摩尔比 1.1∶1 的条件下，锰和铟的浸出率分别达到 94.39% 和 75.44%，当酸锌摩尔比上升至 1.2∶1 时，铟的浸出率可提高至 85.50%。

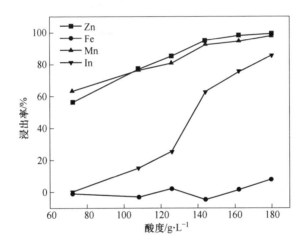

图 4-66　酸锌摩尔比对铟浸出率的影响

4.5.3　银的浸出行为

锌精矿样品中含银量较高，一般细粒级比粗粒级含银稍高。锌精矿中银矿物主要有银黝铜矿、深红银矿、螺状硫银矿、辉锑铅银矿、硫锑铜银矿。银黝铜矿主要以不规则粒状被包裹在闪锌矿中或充填在闪锌矿的晶粒间隙或裂隙中。但也有少量银黝铜矿沿闪锌矿与方铅矿、闪锌矿与脉石、闪锌矿与黄铁矿的晶粒交界处分布或充填在黄铁矿的空洞和裂隙中。镜下观察发现锌精矿中也有少量银黝铜矿呈单体状态产出。为了解锌精矿中银在各粒级中的赋存分布，对各粒级中的裸露银和包裹体银进行测定，结果见表 4-14。可以看出，银在各粒级中分布比较均匀，裸露银随粒度变细，虽有少量增加，但增加的幅度不大；包体银随粒度变细有所减少，但减少的幅度也不大。

表 4-14　锌精矿各粒级中裸露银和包体银的分布率

粒级/目	银品位/g·t⁻¹	产率/%	裸露银		包体银	
			品位/g·t⁻¹	占有率/%	品位/g·t⁻¹	占有率/%
200（筛上）	230	14.51	54	23.48	176	76.52
200~260	224	8.10	62	27.68	162	72.32
260~600	248	26.01	72	19.03	176	70.97
600（筛下）	288	51.38	92	34.33	176	65.67

银黝铜矿的 X 射线能谱图如图 4-67 所示，其 X 射线能谱分析结果见表 4-15。银黝铜矿含银量较高，平均含银 21.29%、铜 24.17%、锑 25.35%、铁 3.52%、硫 25.67%。

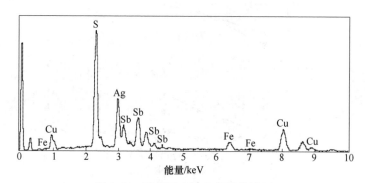

图 4-67　银黝铜矿的 X 射线能谱图

表 4-15　银黝铜矿的 X 射线能谱分析结果　　　　　（%）

序号	Ag	Cu	Sb	Fe	S
1	19.55	22.36	26.28	—	31.81
2	19.90	23.27	27.16	—	29.67
3	18.89	27.77	25.61	5.20	22.53
4	25.31	22.96	24.95	4.79	21.99
5	19.24	26.92	25.55	5.30	22.99
6	24.85	21.74	22.56	5.83	25.02
平均	21.29	24.17	25.35	3.52	25.67

锌精矿中的深红银矿主要呈不规则粒状、短柱状被包裹在闪锌矿和方铅矿中。还有少量深红银矿呈细脉状分布在闪锌矿的晶粒间隙或裂隙中，有时深红银

矿和其他银矿物一起分布在方铅矿中或分布在闪锌矿与方铅矿、闪锌矿与脉石的交界处，也有少量深红银矿在锌精矿中以单体状态产出（见图 4-68）。锌精矿中其他银矿物大部分是与闪锌矿连生或被包裹。X 射线能谱分析如图 4-69 所示，深红银矿平均含银 61.39%、锑 21.37%、硫 15.32%。

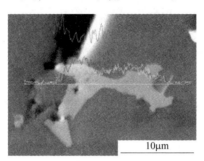

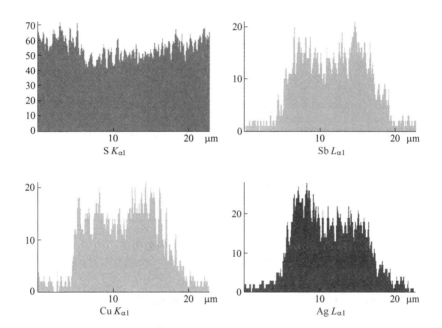

图 4-68　闪锌矿中包裹的银黝铜矿元素面扫描图

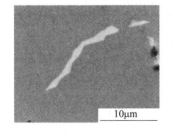

Sb $L_{\alpha 1}$　　　　　　　S $K_{\alpha 1}$　　　　　　　Zn $K_{\alpha 1}$

图 4-69　闪锌矿中包裹的银黝铜矿元素面扫描图

对某冶炼厂加压浸出工序中一段渣和二段渣进行分析，分析了银的赋存状态（见表 4-16 和表 4-17）。由结果可以看出，一段渣中含 Ag 242g/t；二段渣中含 Ag 380g/t。对渣样进行的物相分析表明，一段浸出渣中主要物相为闪锌矿、黄铁矿、黄铜矿、方铅矿、银黝铜矿、元素硫、铅矾、铅铁矾、硫酸锌、石膏、重晶石、石英、绢云母、绿泥石等，其中含银矿物为银黝铜矿。

表 4-16　一段渣化学元素分析结果

成分	Zn	Ga	Ge	In	Cd	Cu	Pb	Fe
含量/%	41.23	0.0167	0.0092	<0.0003	0.10	0.12	0.88	4.50
成分	S	SiO_2	Al_2O_3	CaO	MgO	K_2O	Na_2O	Ag
含量/%	39.52	3.21	0.47	0.62	0.13	0.094	0.017	242g/t

表 4-17　二段渣化学元素分析结果

成分	Zn	Ga	Ge	In	Cd	Cu	Pb	Fe
含量/%	15.50	0.0154	0.0038	<0.0002	0.036	0.034	1.633	2.46
成分	S	SiO_2	Al_2O_3	CaO	MgO	K_2O	Na_2O	Ag
含量/%	58.07	4.01	0.62	1.54	0.22	0.12	0.03	380g/t

对一段锌浸出渣的物相组成及含量进行了分析测试（见表 4-18）。一段渣中主要物相为闪锌矿、元素硫和硫酸锌，其他矿物相对较少，银矿物含量很低，仅以微量计。二段浸出渣主要的物相有元素硫、闪锌矿、方铅矿、黄铜矿、黄铁矿、银矿物、铅矾、铅铁矾、硫酸锌、石英、石膏、重晶石和铝硅酸盐矿物。对二段浸出渣进行了分析，其主要物相及相对含量见表 4-19。

表 4-18 一段锌浸渣的相组成及相对含量

金属矿物				脉石矿物	
矿物名称	含量/%	矿物名称	含量/%	矿物名称	含量/%
元素硫	16.02	银矿物	微	石英	3.17
闪锌矿	53.52	铅矾、铅铁矾	0.45	绢云母等铝硅酸盐	1.68
方铅矿	0.89	硫酸锌	17.28		
黄铁矿	4.78	铁酸锌	0.18	石膏	1.62
黄铜矿	0.31	重晶石	0.1		

表 4-19 二段锌浸渣的相组成及相对含量

金属矿物				脉石矿物	
矿物名称	含量/%	矿物名称	含量/%	矿物名称	含量/%
元素硫	53.24	铅矾、铅铁矾	3.82	石英	3.76
闪锌矿	12.83	硫酸锌	17.75	石膏	3.51
方铅矿	0.24	铁酸锌	0.32	绢云母等铝硅酸盐	1.45
黄铁矿	2.76	银矿物	0.03		
黄铜矿	0.1			重晶石	0.19

  对一段渣和二段渣进行了光学显微镜镜下观察，结果如图 4-70 所示。在一段渣中闪锌矿是最主要的物相，渣中闪锌矿仅部分溶出，残留的闪锌矿大部分为未溶的闪锌矿。镜下观察渣中闪锌矿大部分均保持原有的状态，粒度也无明显变化，与原锌精矿中的闪锌矿差别不大。闪锌矿颗粒边界较平直，溶蚀现象不明显。但是也有部分闪锌矿有溶蚀现象，并且细粒的闪锌矿有减少的趋向，说明有部分闪锌矿已被溶解，并残留有元素硫。元素硫是锌精矿在一段酸浸过程中形成的新相，元素硫一般呈球粒状、椭圆粒状或呈镶边状嵌布在闪锌矿、黄铁矿等矿物表面，影响硫化矿物与酸接触，影响被包裹硫化物的溶解。元素硫的粒度为 0.005~0.07mm。X 射线能谱分析显示，大部分元素硫比较纯，含硫量 100%；但也有少量元素硫含锌、铁、钙等元素。银矿物主要为银黝铜矿，偶尔能够看到少量零星分布于闪锌矿、黄铁矿周围。一段酸浸渣含银量较高，达 242g/t。渣中银的赋存状态比较复杂，经显微镜观察和 XRD 分析证实，渣中的银是以独立矿物形式存在，渣中银矿物主要有银黝铜矿、深红银矿、螺状硫银矿、辉锑铅银矿、硫锑铜银矿等。浸渣中这些银矿物分布在闪锌矿的微裂隙中或被包裹在闪锌矿中，银矿物的粒度也特别细，所以银的浸出率与闪锌矿的溶解密切相关，只有使闪锌矿溶解了，才能使被闪锌矿包裹的银矿物和在闪锌矿的微裂隙中的银矿物与浸出液接触，开始溶解。二段浸出渣含银量 380g/t，渣中银矿物和含银矿物有氯

化银、银黝铜矿、深红银矿等，其中以氯化银状态存在的银占 0.53%，以硫化银状态存在的银占 89.71%，氧化物中银占 0.26%，其他银占 9.50%。由此可看出，二段浸渣中的银主要以硫化物形式存在。

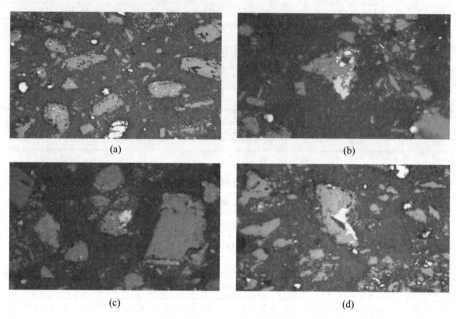

图 4-70   一段渣和二段渣形貌分析结果

（a）一段浸出渣中未溶的闪锌矿、黄铁矿；（b）一段渣中未溶的闪锌矿、黄铁矿、方铅矿；
（c）二段渣中未溶的闪锌矿、黄铁矿、银黝铜矿；（d）二段渣中未溶的闪锌矿、方铅矿

通过热力学计算，分析讨论了不同温度下铁闪锌矿-H_2O 系电位-pH 图。铁闪锌矿比闪锌矿容易发生酸分解及氧化溶出反应；随着闪锌矿中置换铁量的增大及温度升高，铁闪锌矿的热力学稳定区缩小，其氧化溶出过程趋于容易进行。通过对铁闪锌矿浸出过程电化学行为的研究，发现在浸出体系中引入硫分散剂能促进铁闪锌矿的氧化溶出，通氧也能在一定程度上起到促进作用。此外，氯离子和溶解性铁（Fe^{3+}）均能促进铁闪锌矿的氧化溶出，其中氯化铁的效果优于硫酸铁。较闪锌矿而言，铁闪锌矿酸溶生成 H_2S 的反应更为剧烈，且随硫酸浓度升高，铁闪锌矿的电化学氧化不断增强，而闪锌矿的电化学氧化受抑。通过对煤在铁闪锌矿精矿加压浸出中的应用研究，发现含碳量高于 70% 的煤不具备良好的分散单质硫的能力，锌的浸出效果不佳。在 423K 浸出温度条件下，低碳煤（褐煤）可以用作铁闪锌矿加压浸出中优良的硫分散剂。

参 考 文 献

[1] 蒋开喜. 加压湿法冶金 [M]. 北京：冶金工业出版社，2016.

[2] CORRIOU J P, GELY R, VIERS P. Thermodynamic kinetic study of the pressure leaching of zinc sulfide in aqueous sulfuric acid [J]. Hydrometallurgy, 1988, 21: 85-102.

[3] HARVEY T J, YEN W T, PATERSON J G. A kinetic investigation into the pressure oxidation of sphalerite from a complex concentrate [J]. Minerals Engineering, 1993, 6 (8-10): 949-967.

[4] LOCHMANN J, PEDLIK M. Kinetic anomalies of dissolution of sphalerite in ferric sulfate solution [J]. Hydrometallurgy, 1995, 37 (1): 89-96.

[5] WEISENER C G, SMART R S T C, GERSON A R. Kinetics and mechanisms of the leaching of low Fe sphalerite [J]. Geochimica et Cosmochimica Acta, 2003, 67 (5): 823-830.

[6] 徐志峰，邱定蕃，王海北. 铁闪锌矿加压浸出动力学 [J]. 过程工程学报，2008, 8 (1): 28-34.

[7] 谢克强，杨显万，王吉坤，等. 高铁闪锌矿加压浸出过程中 Fe 的动力学研究 [J]. 中国有色冶金，2007, 4 (2): 37-40.

[8] 谭凯旋，等. 辉铜矿、黄铜矿和斑铜矿的溶解动力学 [J]. 矿物学报，1997, 17 (1): 38-44.

[9] JAN R J, HEPWORTH M T, FOX V G. A kinetic study on the pressure leaching of sphalerite [J]. Metallurgical Transactions B, 1976, 7B: 353-361.

[10] 孙天友. 高铁硫化锌精矿加压浸出的动力学研究 [D]. 昆明：昆明理工大学，2006.

[11] XIE K Q, YANG X W, WANG J K, et al. Kinetic study on pressure leaching of high iron sphalerite concentrate [J]. Transactions of Nonferrous Metals Society of China, 2007, 17: 187-194.

[12] 邓彤，文震. 氯化物存在下硫化铜的氧化浸出过程 [J]. 有色金属，2000, 52 (4): 54-57.

[13] 冶金部情报标准研究所. 澳大利亚湿法炼铜新技术考察报告 [R]. 北京：北京矿冶研究总院，1978.

[14] 烟伟，蔡万玲. 混酸浸出混合铜矿的动力学研究 [J]. 湿法冶金，1999, 72 (4): 49-53.

[15] 宋复伦. 加压湿法冶金的过去、现在和未来 [J]. 湿法冶金，2001, 20 (3): 165-166.

[16] 龟谷博. 复杂硫化矿的湿法工艺基础理论研究 [J]. 日本矿业会，1985, 81 (922): 795-801.

[17] 永井忠雄. 黄铁矿加压浸出动力学研究 [J]. 日本矿业会志，1974, 70 (902): 473-477.

[18] 邱定蕃. 重有色金属加压湿法冶金的发展 [J]. 有色金属（冶炼部分），1997: 9-18.

[19] TINKLER O. 硫化矿物湿法冶金的发展 [C]. Avecia'2001 北京铜湿法冶金技术研讨会. 北京：2001: 34.

[20] DREISINGER D. 铜精矿湿法冶金处理 [C]. Avecia'2001 北京铜湿法冶金技术研讨会. 北

京：2001：17.

［21］蒋开喜. 铜硫化矿火法、湿法和生物冶炼的环境保护特点之比较［C］//铜镍湿法冶金技术交流及应用推广会论文集. 厦门：中国有色冶金学报，2001：80-84.

［22］BIEGLER T, HOME M D. The electrochemistry of surface oxidation of chalcopyrite［J］. J. Electrochem. Soc., 1985, 132 (6)：1363-1369.

［23］PARKER A J, PAUL R L, POWER G P, et al. Electrochemical aspects of leaching copper from chalcopyrite in ferric and cupric salt solutions［J］. Australian Journal of Chemistry, 1981, 34 (1)：13-33.

［24］ARCE E M, GONZÁLEZ I. A comparative study of electrochemical behavior of chalcopyrite, chalcocite and bornite in sulfuric acid solution［J］. International Journal of Mineral Processing, 2002, 67 (1-4)：17-28.

［25］ELSHERIEF A E. The influence of cathodic reduction, Fe^{2+} and Cu^{2+} ions on the electrochemical dissolution of chalcopyrite in acidic solution［J］. Minerals Engineering, 2002, 15 (4)：215-223.

［26］GÓMEZ C, FIGUERO M, MUÑOZA J, et al. Electrochemistry of chalcopyrite［J］. Hydrometallurgy, 1996, 43 (1-3)：331-344.

［27］LU Z Y, JEFFREY M I, LAWSON F. An electrochemical study of the effect of chloride ions on the dissolution of chalcopyrite in acidic solutions［J］. Hydrometallurgy, 2000, 56 (2)：145-155.

［28］DUTRIZAC J. The dissolution of chalcopyrite in ferric sulfate and ferric chloride media［J］. Metallurgical and Materials Transactions B, 1981, 12 (2)：371-378.

［29］NAVA D, GONZALEZ I, LEINEN D, et al. Surface characterization by X-ray photoelectron spectroscopy and cyclic voltammetry of products formed during the potentiostatic reduction of chalcopyrite［J］. Electrochimica Acta, 2008, 53 (14)：4889-4899.

［30］LOTENS J P, WESKER E. The behaviour of sulphur in the oxidative leaching of sulphidic minerals［J］. Hydrometallurgy, 1987, 18：39-54.

［31］HABASHI F. Handbook of Extractive Metallurgy［M］. Wiley-VCH, 1998：354-358.

［32］CANDER S. Mechanism of sulfur oxidation in pyrite［J］. Minerals and Metallurgical Processing, 1993 (8)：113-118.

［33］RIVEROS P A, DUTRIZAC J E. Arsenic disposal practices in the metallurgical industry［J］. Canadian Metallurgical Quarterly, 2001, 40 (4)：395-420.

［34］STOTT M B, WATLING H R. The role of iron-hydroxy precipitates in the passivation of chalcopyrite during bioleaching［J］. Mineral Engineering, 2000, 13 (10)：1117-1127.

［35］LU Z Y, JEFFREY M I, LAWSON F. An electrochemical study of the effect of chloride ions on the dissolution of chalcopyrite in acidic solutions［J］. Hydrometallurgy, 2000, 56：145-155.

［36］SCHULTZE L E, SANDOVAL S P, BUSH R P. Effect of additives on chalcopyrite leaching［J］. Report of Investigations, 1995.

［37］OZBERK E, COLLINS M J, MAKWANA M, et al. Zinc pressure leaching at Ruhr-Zink

Refinery [J]. Hydrometallurgy, 1995, 39 (1-3): 53-62.

[38] FISHER W W. Comparison of chalcocite dissolution in the oxygenated aqueous sulfate and chloride systems [J]. Minerals Engineering, 1992, 5 (7): 817-834.

[39] CORRIDOU J P, KIKINDAI T. The aqueous oxidation of elemental sulfur and different chemical properties of the allotropic forms $S\lambda$ and $S\mu$ [J]. Journal of Inorganic and Nuclear Chemistry, 1981, 43: 9-15.

[40] NICOL M J, LIU J Q. The effect of chloride ions on the oxidation of pyrite under pressure oxidation conditions [C] //YOUNG C A, ALFANTAZI C A, ANDERSON C G, et al. Hydrometallurgy 2003—Fifth International Conference in Honor of Professor Ian Ritchie, vol. 1. TMS, Warrendale, 2003: 591-601.

[41] MCDONALD R G, MUIR D M. Pressure oxidation leaching of chalcopyrite. Part I: Comparison of high and low temperature reaction kinetics and products [J]. Hydrometallurgy, 2007, 86: 191-205.

[42] MCDONALD R G, MUIR D M. Pressure oxidation leaching of chalcopyrite. Part II: Comparison of medium temperature kinetics and products and effect of chloride ion [J]. Hydrometallurgy, 2007, 86: 206-220.

[43] PARKER E G. Oxidative pressure leaching of zinc concentrates [J]. CIM Bull, 1981, 74: 145-150.

[44] PAPANGELAKIS V, DEMOPOULOS G. Acid pressure oxidation of arsenopyrite. Part II: reaction kinetics [J]. Canadian Metallurgical Quarterly, 1990, 29 (1): 13-20.

[45] 黄煌, 周敬元. 国外铅锌冶炼技术的考察 [J]. 株冶科技, 2000, 28 (4): 1-3.

[46] MARTIN M T, JANKOLA W A. Cominco's Trail zinc pressure leach operation [J]. CIM Bulletin, 1985, 78 (876): 77-81.

[47] JANKOLA W A. Zinc pressure leaching at Cominco [J]. Hydrometallurgy, 1995, 39 (1-3): 63-70.

[48] BOISSONEAULT M, GAGNON S, HENNING R, et al. Improvements in pressure leaching at Kidd Creek [J]. Hydrometallurgy, 1995, 39 (1-3): 79-90.

[49] WEERT G V, BOERING M. Selective pressure leaching of zinc and manganese from natural and man-made spinels using nitric acid [J]. Hydrometallurgy, 1995, 39 (1): 201-213.

[50] KRYSA B D. Zinc pressure leaching at HBMS [J]. Hydrometallurgy, 1995, 39 (1-3): 71-77.

[51] COLLINS M J, MCCONAGHY E J, STAUFFER R F, et al. Starting up the Sherritt zinc pressure leach process at Hudson Bay [J]. JOM, 1994, 64 (4): 51-58.

[52] 李俊萌. 难处理金矿石预处理方法研究现状及其发展趋势 [J]. 稀有金属, 2003, 27 (4): 478-481, 490.

[53] 刘志楼, 杨天足. 难处理金矿的处理现状 [J]. 贵金属, 2014, 35 (1): 79-89.

[54] 崔毅琦, 王凯, 孟奇. 含砷难处理金矿提金工艺的研究现状 [J]. 矿冶, 2015, 24 (1): 31-34.

［55］谭希发. 难处理金矿的热压氧化预处理技术［J］. 有色金属，2012，9：38-43.

［56］孙留根，袁朝新，王云. 难处理金矿提金的现状及发展趋势［J］. 有色金属，2015，4：38-43.

［57］曾睿，罗思强，张相钰，等. 难处理金精矿高压氧化预处理试验研究［J］. 中国有色冶金，2014，43（6）：75-78.

［58］郑晔. 难处理金矿石碱性热压氧化预处理工艺研究［J］. 黄金科学技术，1999，44-48.

［59］ADAMS M D. Advances in Gold Ore Processing［M］. British：Elsevier，2005.

［60］雷占昌，虞洁，马红蕊. 难处理金矿预处理技术现状及进展［J］. 现代矿业，2014（5）：23-33.

［61］PAPANGELAKIS V G，DEMOPOULOS G P. Acid pressure oxidation of arsenopyrite. Part Ⅱ：Reaction kinetics［J］. Can Metall Q，1990，29（1）：13-20.

［62］PAPANGELAKIS V G，DEMOPOULOS G P. Acid pressure oxidation of arsenopyrite. Part Ⅰ：Reaction chemistry［J］. Can Metall Q，1990，29（1）：1-12.

［63］CORKHILL C L，VAUGHAN D J. Arsenopyrite oxidation—A review［J］. Applied Geochemistry，2009，24（12）：2342-2361.

［64］HISKEY J B，SANCHEZ V M. Alkaline Pressure Oxidation of a gold-bearing arsenopyrite concentrate［J］. Miner Process Extr Metall Rev，1995，15（1-4）：61-74.

［65］JPETROVI S，DBOGDANOVI G，MANTONIJEVI M. Leaching of chalcopyrite with hydrogen peroxide in hydrochloric acid solution［J］. 中国有色金属学报（英文版），2018.

［66］GHAHREMANINEZHAD A，ASSELIN E，DIXON D G. Electrochemical evaluation of the surface of chalcopyrite during dissolution in sulfuric acid solution［J］. Electrochimica Acta，2010，55（18）：5041-5056.

［67］WARREN G，WADSWORTH M，EL RAGHY S. Passive and transpassive anodic behavior of chalcopyrite in acid solutions［J］. Metall. Trans. B，1982，13：571-579.

［68］MAJUSTE D，CIMINELLI V，OSSEO ASARE K，et al. Electrochemical dissolution of chalcopyrite：Detection of bornite by synchrotron small angle X-ray diffraction and its correlation with the hindered dissolution process［J］. Hydrometallurgy，2012，111：114-123.

［69］SILVESTER E，GRIESER E，HEALY T W，et al. Thermodynamics and kinetics of the reaction of copper（Ⅱ）and iron（Ⅲ）with ultra-small colloidal chalcopyrite（CuFeS$_2$）［J］. J. Chem. Soc. Faraday Trans.，1994，90：3301-3307.

［70］LIU J，LIU D. Spectroscopic characterization of dissolubility and surface properties of chalcopyrite in aqueous solution［J］. Spectrosc. Spectr. Anal.，2012，32：519-524.

［71］PAPANGELAKIS V，DEMOPOULOS G. Acid pressure oxidation of arsenopyrite. Part Ⅰ：Reaction chemistry［J］. Canadian Metallurgical Quarterly，1990，29（1）：1-12.

［72］GUDYANGA F P，MAHLANGU T，ROMAN R J，et al. An acidic pressure oxidation pretreatment of refractory gold concentrates from the Kwekwe Roasting Plant，Zimbabwe［J］. Minerals Engineering，1999，12（8）：863-875.

［73］LEHMANN M N，O' LEARY S，DUNN J G. An evaluation of pretreatments to increase gold recovery from a refractory ore containing arsenopyrite and pyrrhotite [J]. Minerals Engineering, 2000, 13 (1): 11-18.

[74] 易宪武. 某些络阳离子标准熵 $S_{298}^{\ominus}$ 的计算和高温 As-H$_2$O 体系电位 pH 图 [J]. 昆明理工大学学报 (理工版), 1982 (3): 61-76.

[75] 鲁君乐. 张训鹏. Fe-As-H$_2$O 系电位 pH 图及湿法炼锌除砷过程分析 [J]. 有色金属 (冶炼部分), 1985 (4): 48-53.

[76] 金哲男, 蒋开喜, 魏绪钧, 等. 高温 As-S-H$_2$O 系电位-pH 图 [J]. 矿冶, 1999, 8 (4): 45-50.

[77] 金创石, 张廷安, 牟望重, 等. 难处理金矿浸出预处理过程的电位-pH 图 [J]. 东北大学学报 (自然科学版), 2011, 32 (11): 1599-1602.

[78] CRISS C M, COBBLE J. The thermodynamic properties of high temperature aqueous solutions. Ⅳ. Entropies of the ions up to 200 and the correspondence principle [J]. Journal of the American Chemical Society, 1964, 86 (24): 5385-5390.

[79] 叶大伦. 实用无机物热力学数据手册 [M]. 北京: 冶金工业出版社, 2002.

[80] 杨显万. 高温水溶液热力学数据计算手册 [M]. 北京: 冶金工业出版社, 1980.

[81] BARIN I. Thermochemical data of pure substances [M]. VCH: Weinheim, 1995.

[82] SPEIGHT J G. Lange' s handbook of chemistry [M]. New York: McGraw Hill, 2005.

[83] 王濮, 潘兆橹, 翁玲宝. 系统矿物学 [M]. 北京: 地质出版社, 1982.

[84] PARKER E. Oxidative pressure leaching of zinc concentrates [J]. Canadian Mining and Metallurgical Bulletin, 1981, 74 (829): 145-150.

[85] DEHGHAN R, NOAPARAST M, KOLAHDOOZAN M, et al. Statistical evaluation and optimization of factors affecting the leaching performance of a sphalerite concentrate [J]. International Journal of Mineral Processing, 2008, 89 (1-4): 9-16.

[86] BUCKLEY A, WOUTERLOOD H, WOODS R. The surface composition of natural sphalerites under oxidative leaching conditions [J]. Hydrometallurgy, 1989, 22: 39-56.